すみっコぐらし™ 学習ドリル

小学1・2年の時計・時こく・時間

しろくま

北からにげてきた、さむがりで
ひとみしりのくま。あったかい
お茶をすみっこでのんでいる
ときがおちつく。

ぺんぎん？

じぶんはぺんぎん？
じしんがない。
昔はあたまにお皿が
あったような…。

とんかつ

とんかつのはじっこ。
おにく1％、しぼう99％。
あぶらっぽいから
のこされちゃった…。

ねこ

はずかしがりやのねこ。
気が弱く、よくすみっこを
ゆずってしまう。

とかげ

じつは、きょうりゅうの
生きのこり。
つかまっちゃうので
とかげのふりをしている。

この　ドリルの　つかい方

はじめに　時計の　大切な　きまりを　まとめた　せつ明を　よく　読みましょう。

1　ドリルを　した　日にちを　書きましょう。

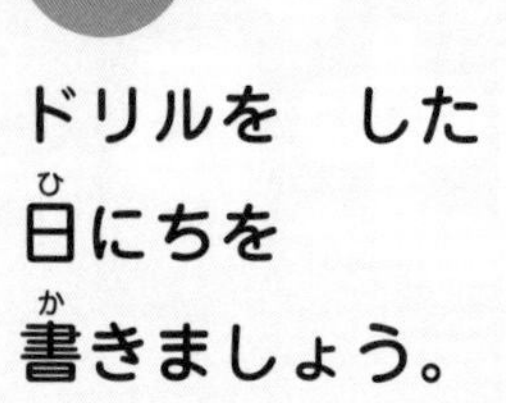

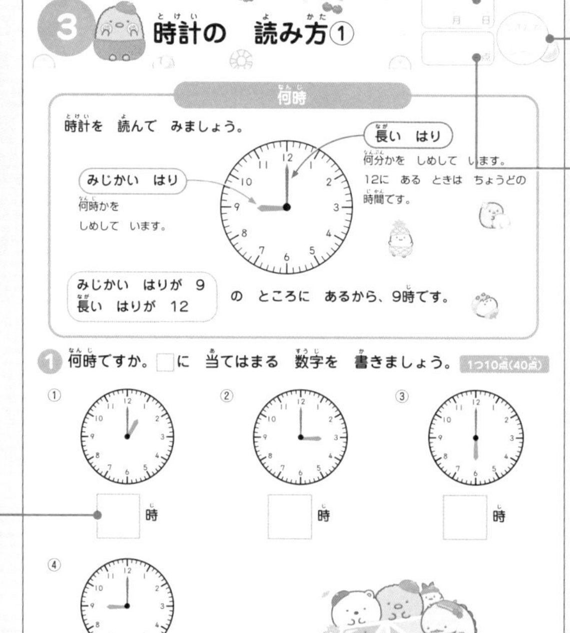

3　時計の　読み方①

月　日

何時

時計を　読んで　みましょう。

長い　はり
何分かを　しめして　います。
12に　ある　ときは　ちょうどの　時間です。

みじかい　はり
何時かを
しめして　います。

みじかい　はりが　9
長い　はりが　12
の　ところに　あるから、9時です。

1　何時ですか。□に　当てはまる　数字を　書きましょう。　1つ10点(40点)

①　□時　②　□時　③　□時

④　□時

2　答えは　ていねいに　書きましょう。

3　おわったら　おうちの　方に　答え合わせを　して　もらい、点数を　つけて　もらいましょう。

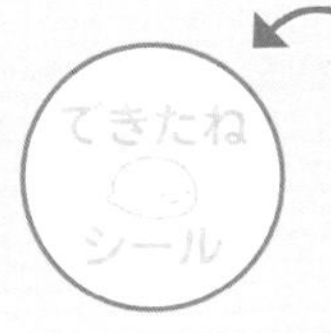

4　1回分が　おわったら「できたね　シール」を　1まい　はりましょう。

おうちの方へ

- このドリルでは、1・2年生で学習する算数のうち、時計、時こくと時間を中心に学習します。
- 学習指導要領に対応しています。
- 答えは73～80ページにあります。
- 1回分の問題を解き終えたら、答え合わせをしてあげてください。
- まちがえた問題は、どこをまちがえたのか確認して、しっかり復習してください。
- 「できたね　シール」は多めにつくりました。あまった分はご自由にお使いください。

1 時計の　数字①

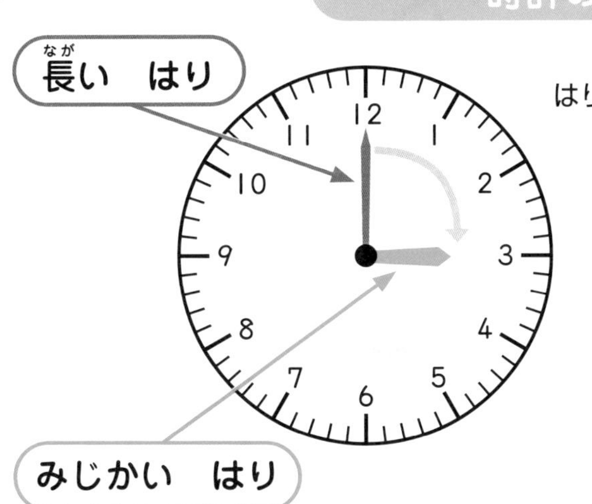

はりは　右回りに　うごきます。

時計には　長い　はりと、みじかい　はりが　あります。
はやく　うごくのは　長い　はりです。
時計には　1から　12までの　数字が　書いて　あります。

1 □の　中の　数字を　なぞって　時計を　かんせいさせましょう。　ぜんぶできて10点

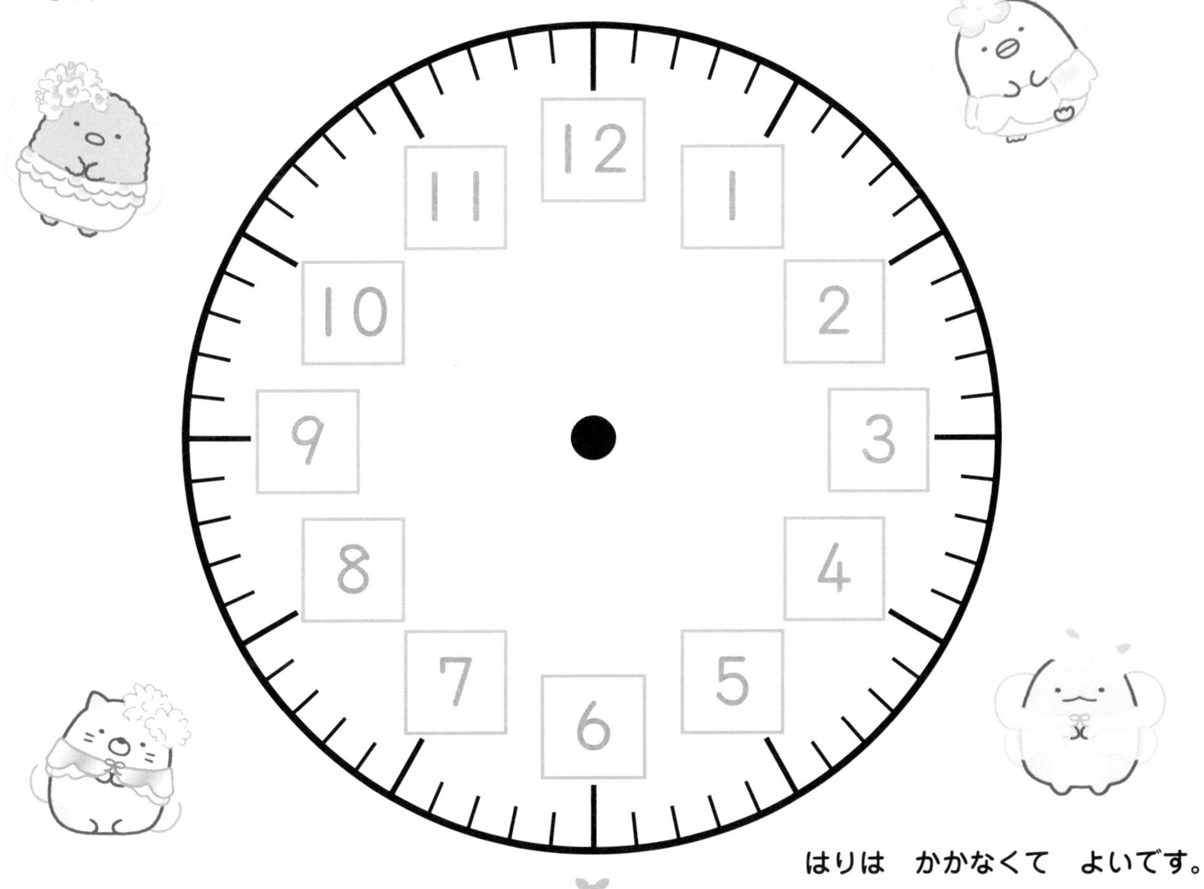

はりは　かかなくて　よいです。

2 □に 当てはまる 数字を 書いて 時計を かんせい させましょう。

1つ30点(60点)

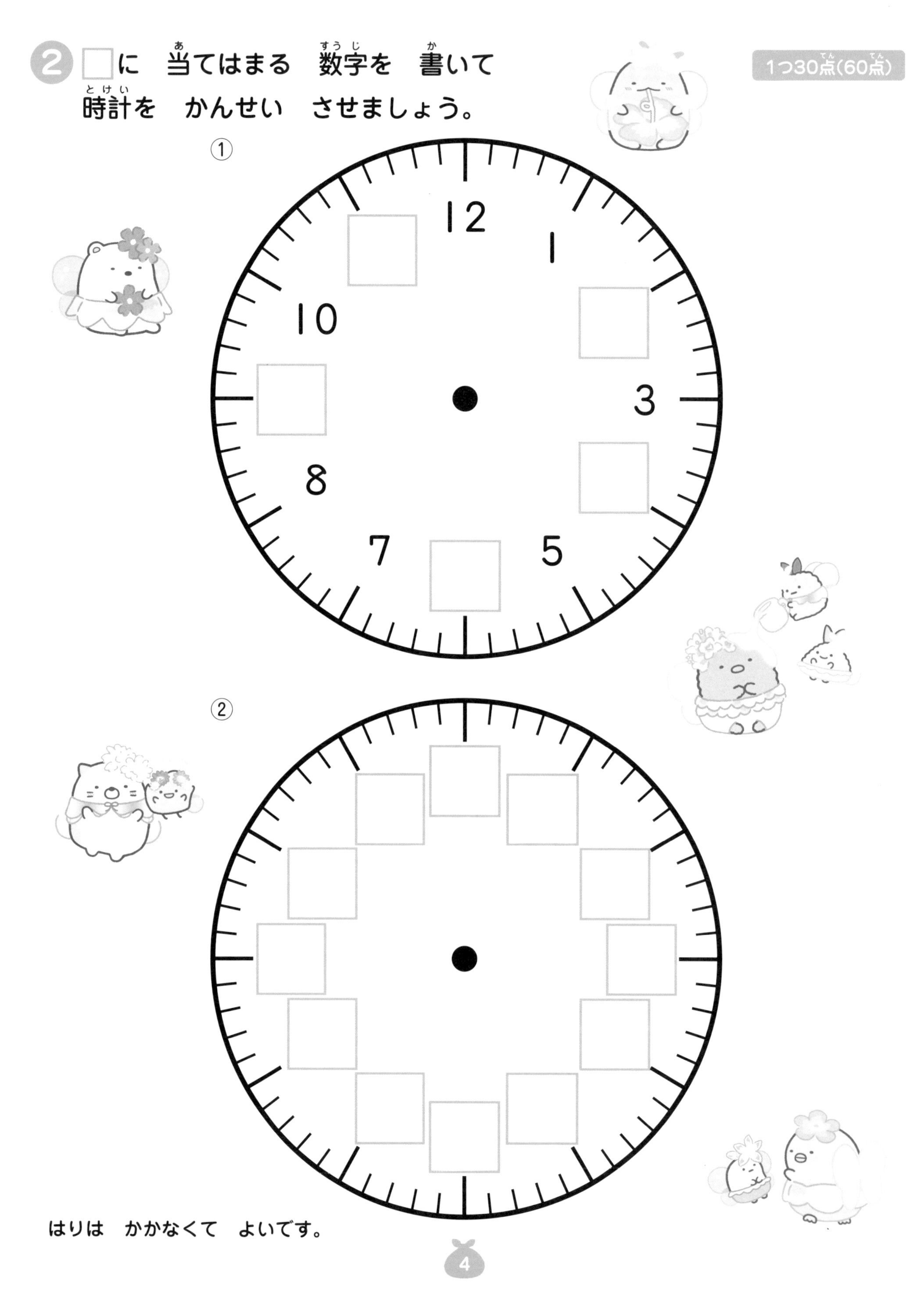

はりは かかなくて よいです。

時計の　数字②

1 すみっコたちで　かくれて　いる　数字を □に　書きましょう。

1つ10点(50点)

① しろくまで　かくれて　いる　数字は　何ですか。 □

② ぺんぎん？で　かくれて　いる　数字は　何ですか。 □

③ とんかつで　かくれて　いる　数字は　何ですか。 □

④ ねこで　かくれて　いる　数字は　何ですか。 □

⑤ とかげで　かくれて　いる　数字は　何ですか。 □

いろいろな　時計

時計には　いろいろな　しゅるいが　あります。

目ざまし時計

おきる　時間に
アラームが　なるように
セットできる　時計。

デジタル時計

時間を　はりではなく
数字で　しめした
時計。

うで時計

ベルトを　手首に
まいて　みにつけられる
時計。

かけ時計

家の　中や　教室などの
かべに　かける　時計。

見たことが　ある　時計は　ありますか。
ほかに　知って　いる　時計は　ありますか。

2 左の　時計の　名前を　えらんで　線で　むすびましょう。

ぜんぶできて50点

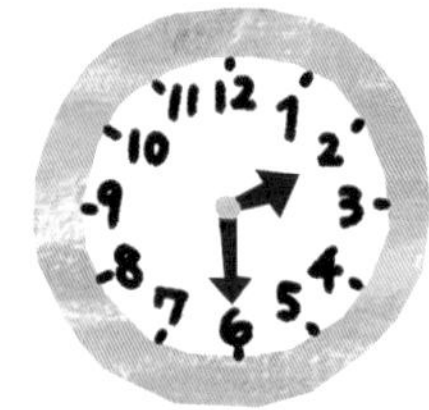

・　　・　デジタル時計

・　　・　目ざまし時計

・　　・　かけ時計

・　　・　うで時計

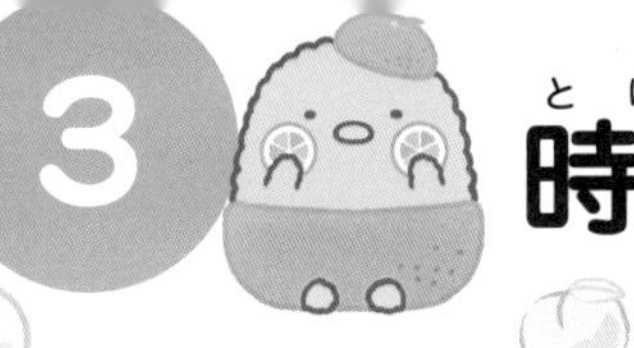

3 時計の　読み方①

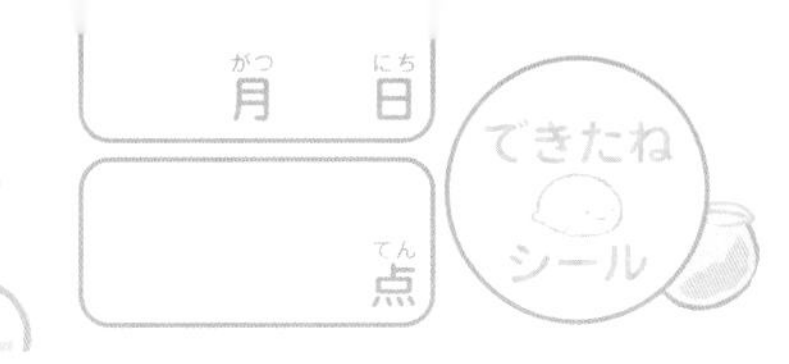

何時

時計を　読んで　みましょう。

みじかい　はり

何時かを
しめして　います。

長い　はり

何分かを　しめして　います。
12に　ある　ときは　ちょうどの
時間です。

みじかい　はりが　9
長い　はりが　12
の　ところに　あるから、9時です。

1 何時ですか。□に　当てはまる　数字を　書きましょう。　1つ10点(40点)

①

□時

②

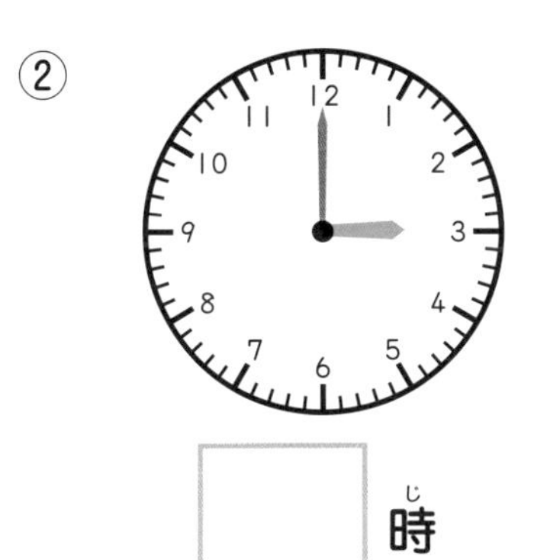

□時

③

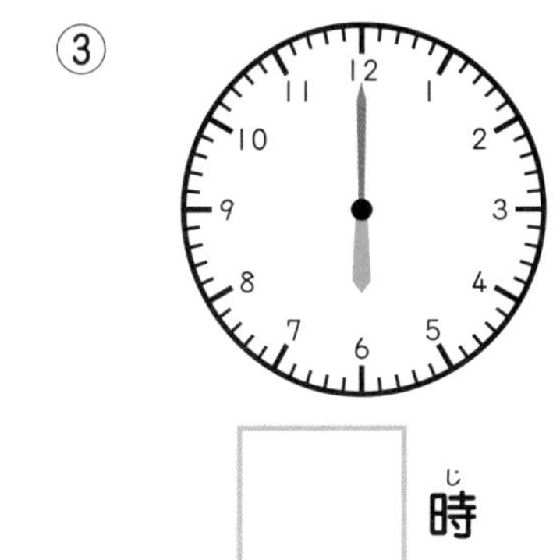

□時

④

□時

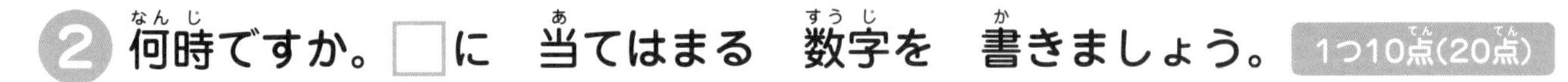

② 何時ですか。□に　当てはまる　数字を　書きましょう。　1つ10点(20点)

①　□時

②　□時

③ [　　] の　中の　時間に　なるように
長い　はりや　みじかい　はりを　かきましょう。　1つ10点(40点)

① [3時]

② [5時]

③ [9時]

④ [10時]

4 時計の　読み方②

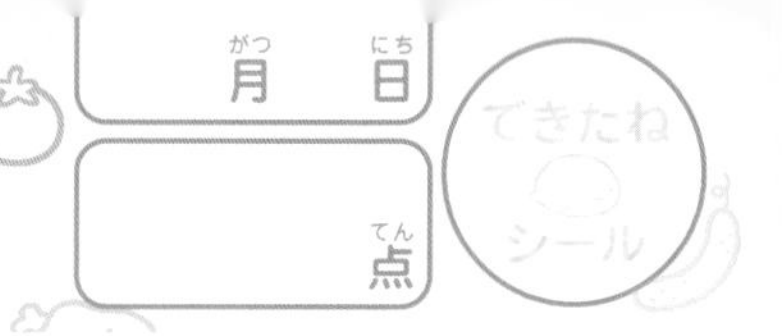

1 下の　時計を　見て　もんだいに　答えましょう。　1つ5点(20点)

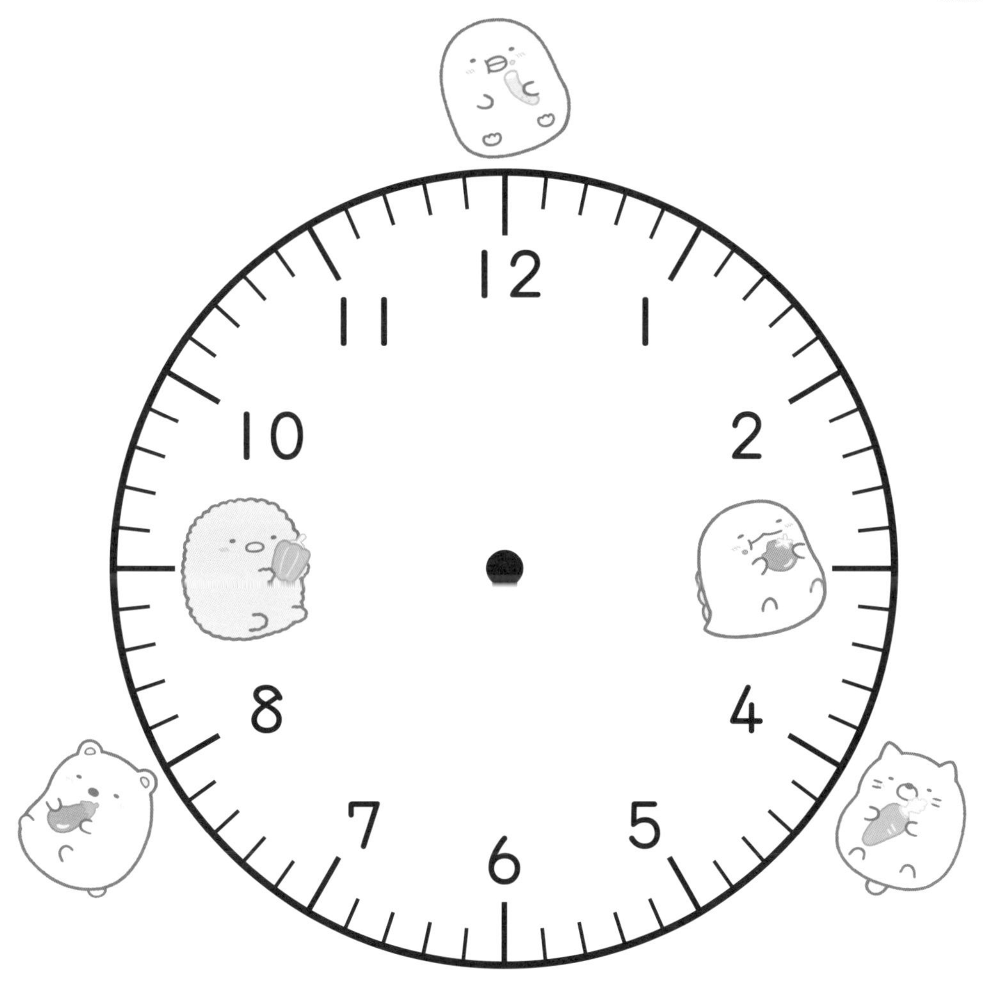

① 8時の　とき、みじかい　はりが　しめす　ところに　いるのは　だれですか。

② 4時の　とき、長い　はりが　しめす　ところに　いるのは　だれですか。

③ 長い　はりは　ぺんぎん？の　ところに　あります。とかげが　いる　ところに　みじかい　はりが　くると　何時に　なりますか。　　時

④ 長い　はりは　ぺんぎん？の　ところに　あります。とんかつが　いる　ところに　みじかい　はりが　くると　何時に　なりますか。　　時

**❷ [　　]の　中の　時間に　なるように
長い　はりと　みじかい　はりを　かきましょう。**

1つ10点(80点)

① [1時]

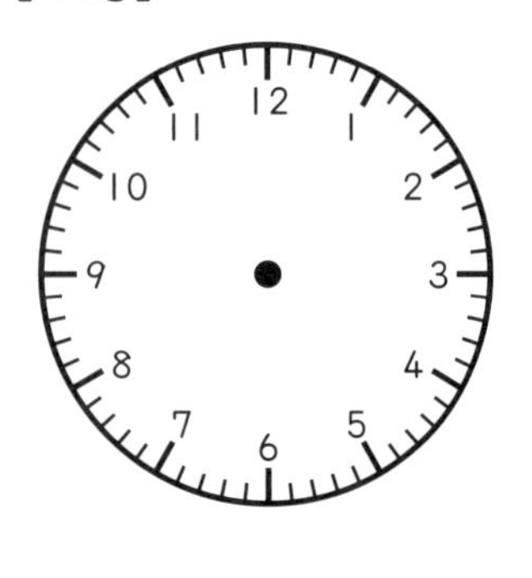

② [2時]

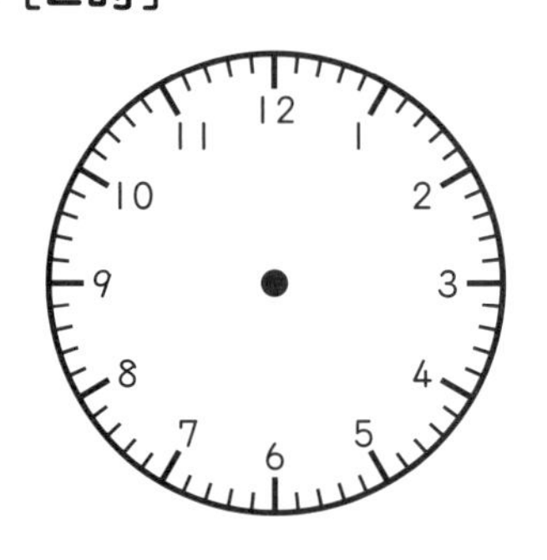

③ [3時]

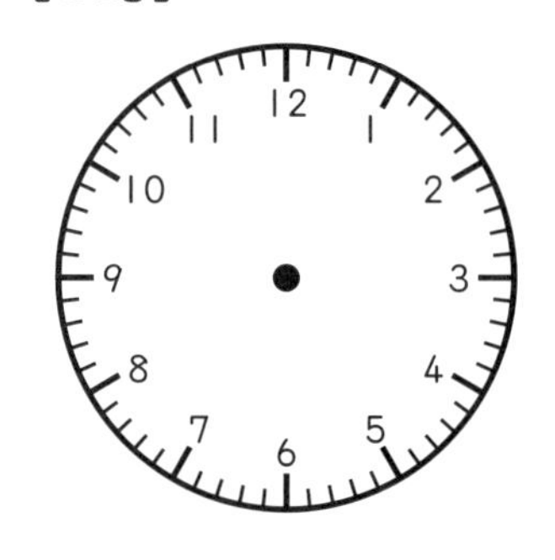

④ [6時]

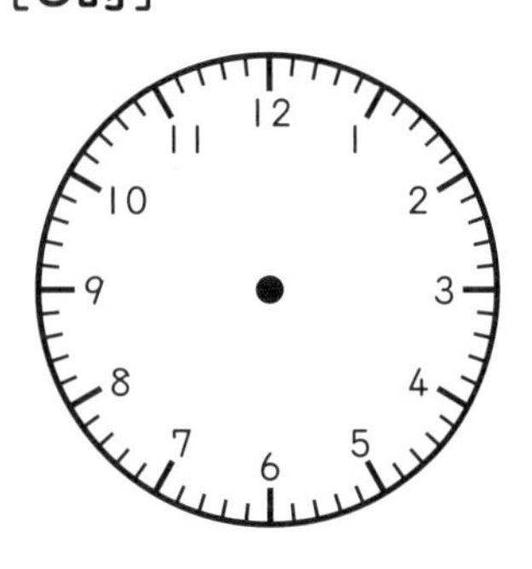

⑤ [9時]

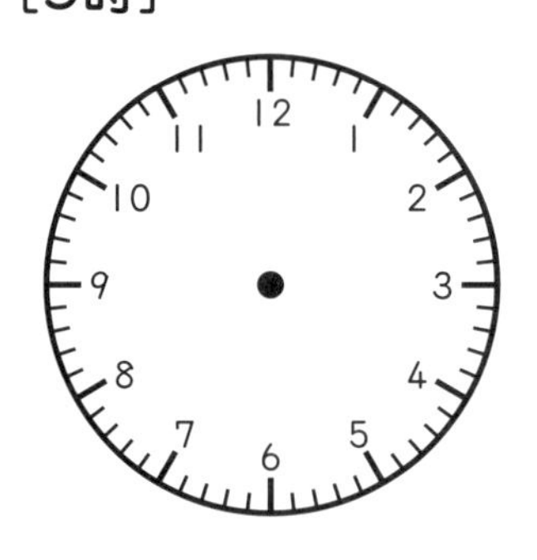

⑥ [12時]

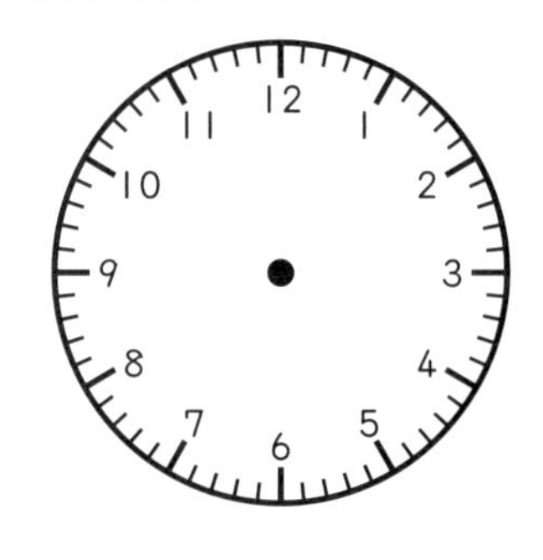

⑦ [7時]

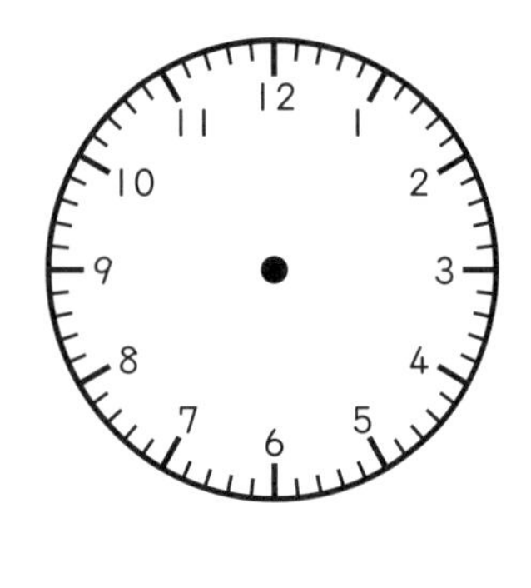

⑧ [11時]

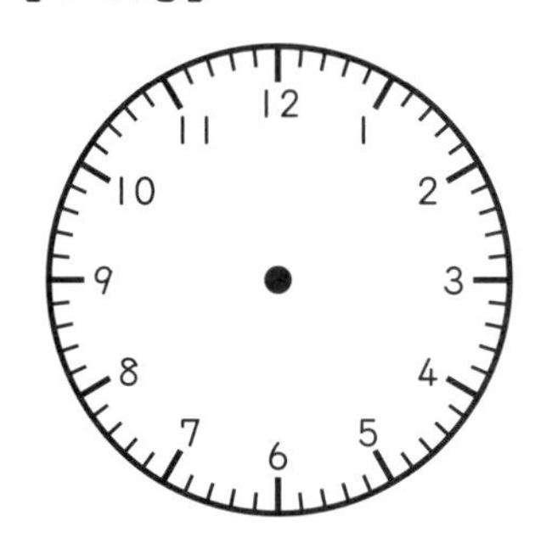

5 時計の　読み方③

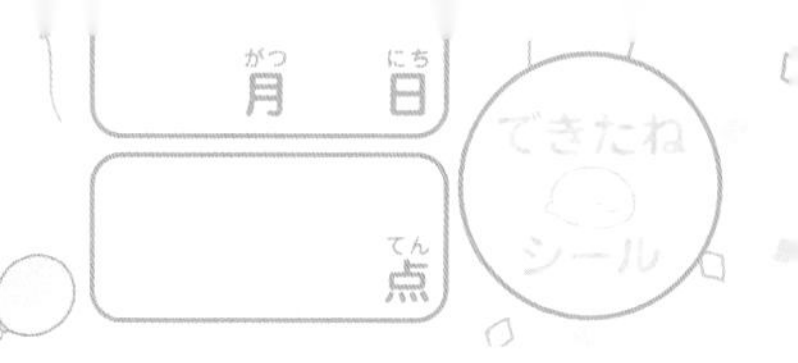

何時半

時計は　長い　はりも　みじかい　はりも　右に　回ります。

みじかい　はり

数字と　数字の　間に
ある　ときは　小さい　ほうの
数字を　読みます。

長い　はり

6に　ある　ときは　半分
回ったので　「半」とも
いいます。

12時と　1時の
間の　ときだけは
12時を　読みます。

みじかい　はりが
9と　10の　間、
長い　はりが　6

の　ところに　あるから、
9時半です。

1 何時半ですか。□に　当てはまる　数字を　書きましょう。

1つ10点（40点）

①

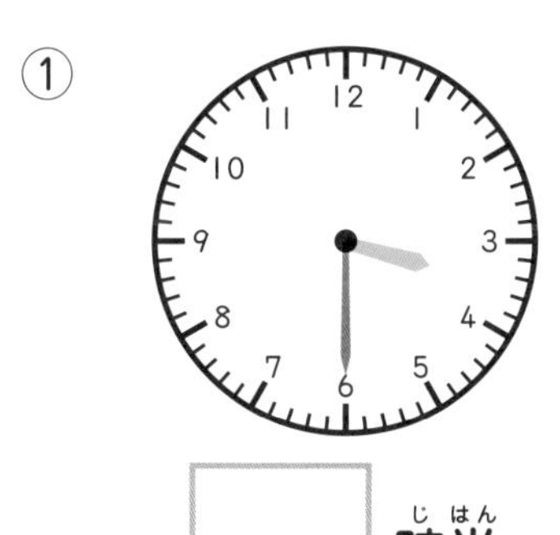

□時半

②

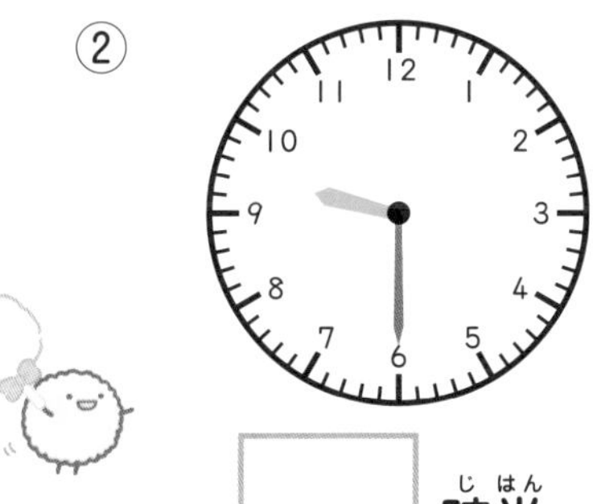

□時半

③

□時半

④

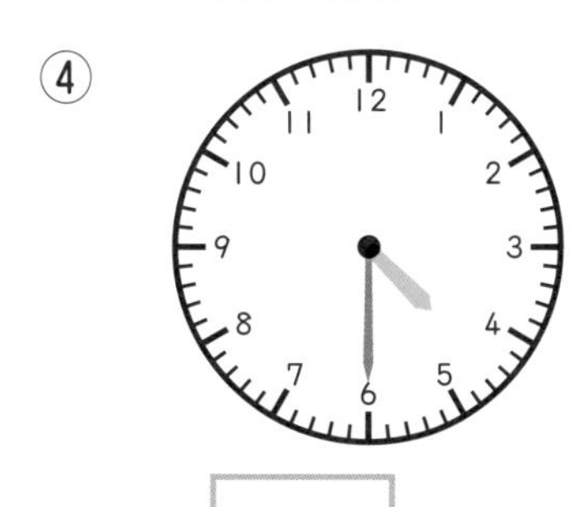

□時半

2 [　　] の 中の 時間に なるように 長い はりや みじかい はりを かきましょう。

1つ10点(20点)

① [4時半]

② 
[2時半]

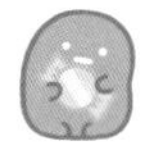

3 [　　] の 中の 時間に なるように 長い はりと みじかい はりを かきましょう。

1つ10点(40点)

① [1時半]

② 
[7時半]

③ [3時半]

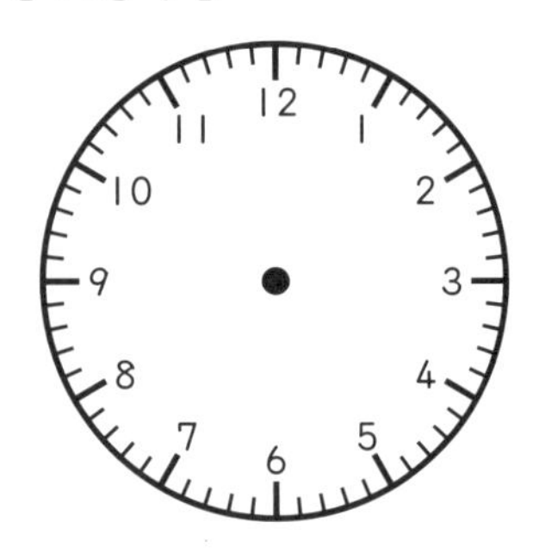

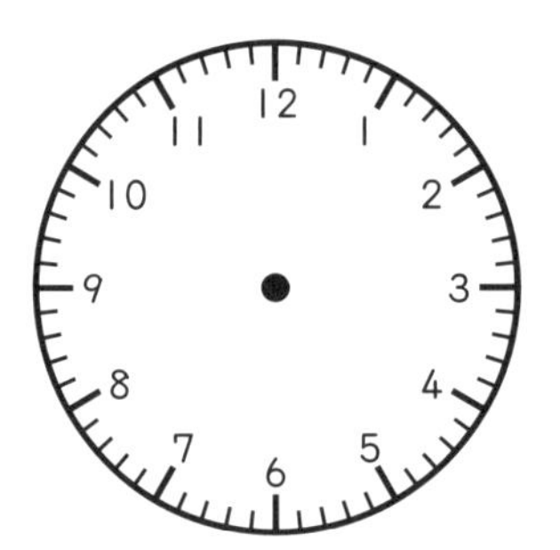

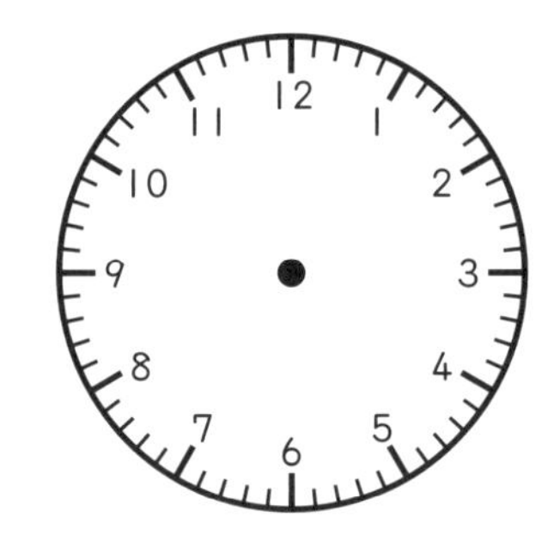

④ 
[9時半]

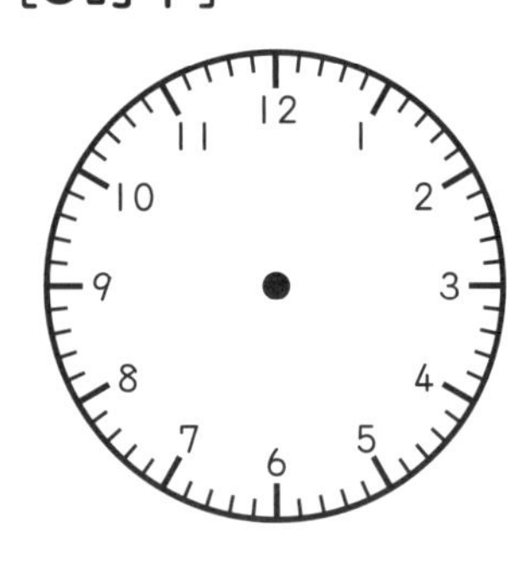

6 ふくしゅう　ドリル①

1 何時ですか。□に　当てはまる　数字を　書きましょう。 1つ5点(15点)

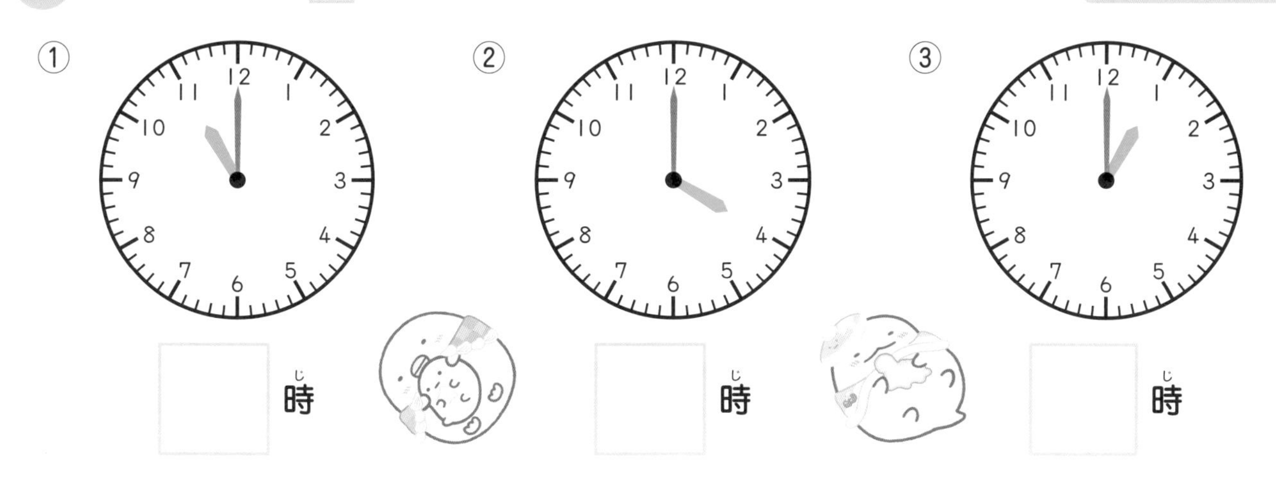

① □時　② □時　③ □時

2 [　　] の　中の　時間に　なるように　長い　はりと　みじかい　はりを　かきましょう。 1つ5点(15点)

① [9時]　② [7時]　③ [12時]

3 何時半ですか。 1つ5点(15点)

① □時半　② □時半　③ □時半

3 [　　] の 中の 時間に なるように 長い はりと みじかい はりを かきましょう。

1つ5点(30点)

① [2時半]　② [5時半]　③ [8時半]

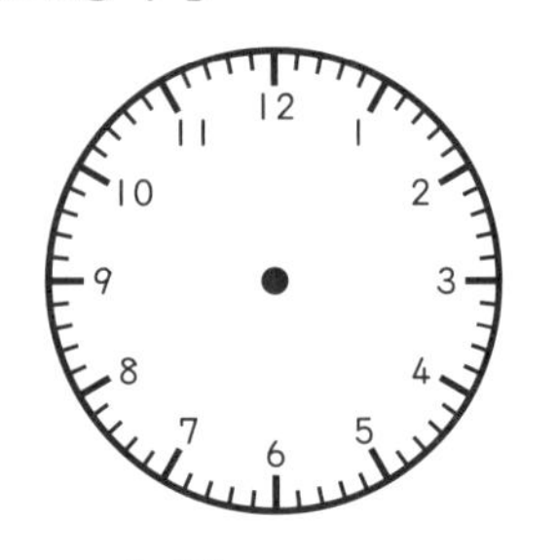
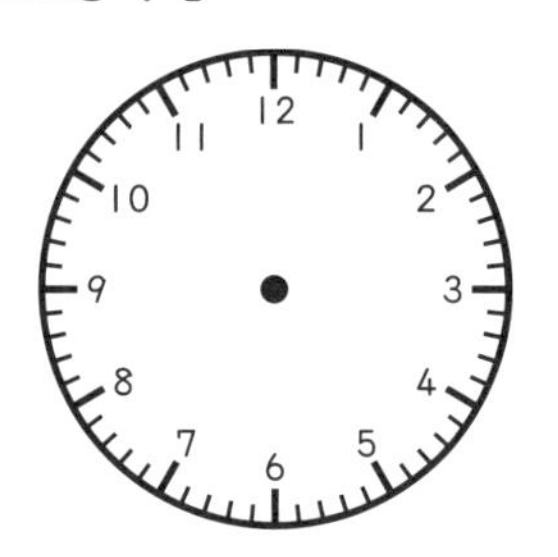
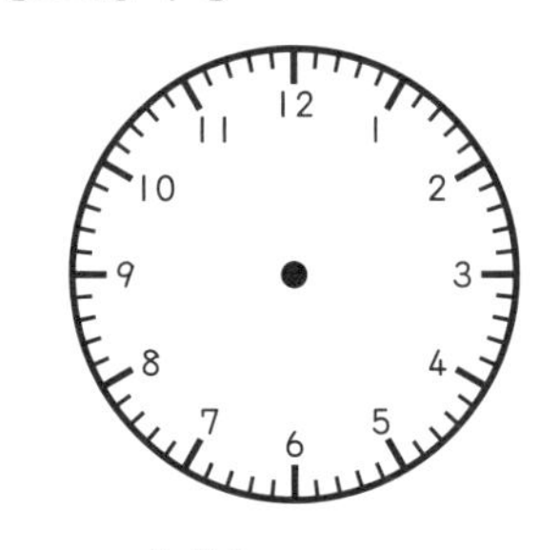

④ [11時半]　⑤ [6時半]　⑥ [12時半]

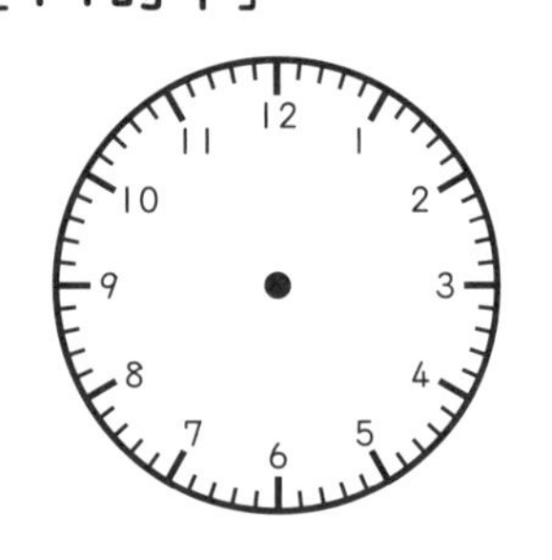
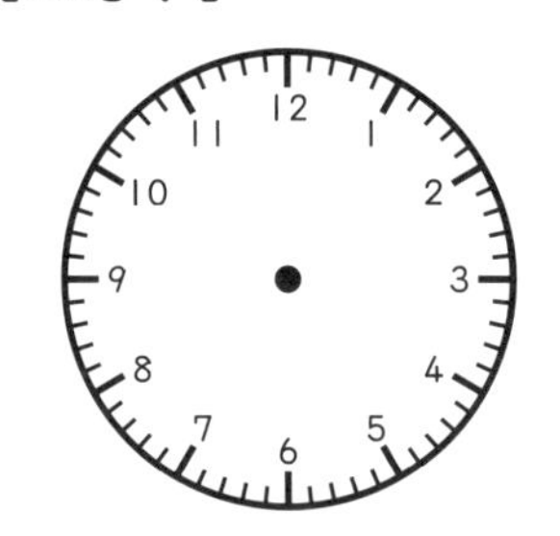
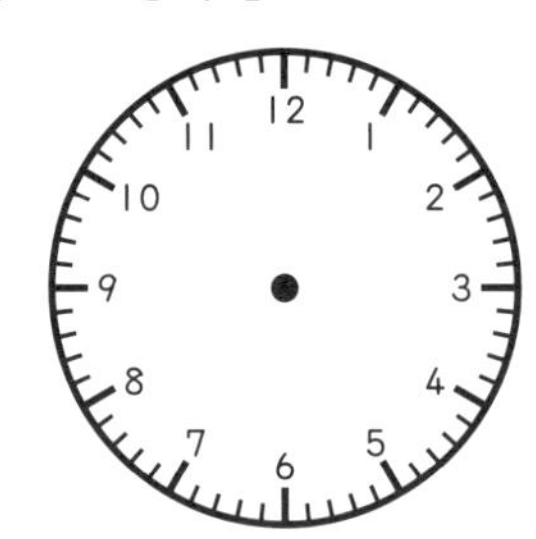

4 左の カードの 時間と 同じ 時間を しめして いる 時計を 線で むすびましょう。

ぜんぶできて25点

7時 •

•

•

10時半 •

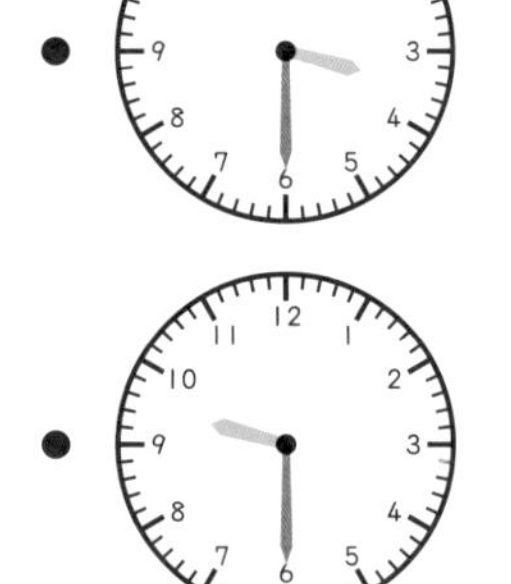

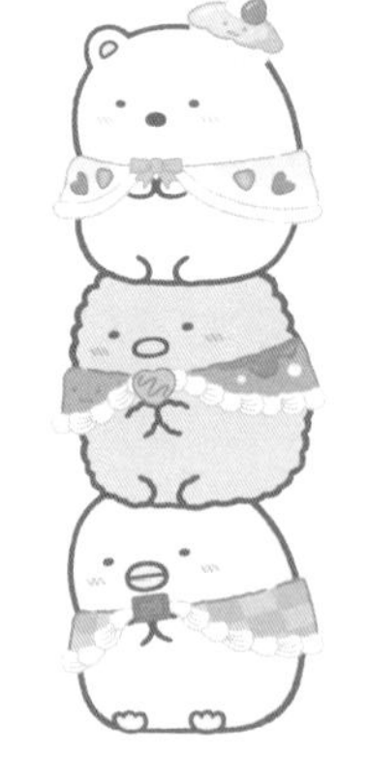

7 時計の　読み方④

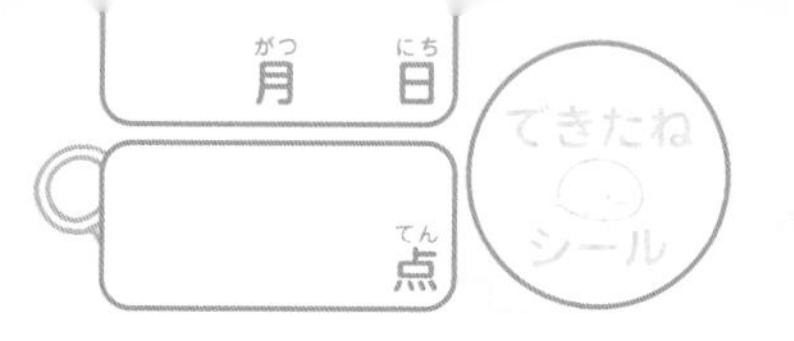

何分

長い　はりで　何分かが　分かります。長い　はりが　ひと回り　するのに、めもりは　60こ　あります。

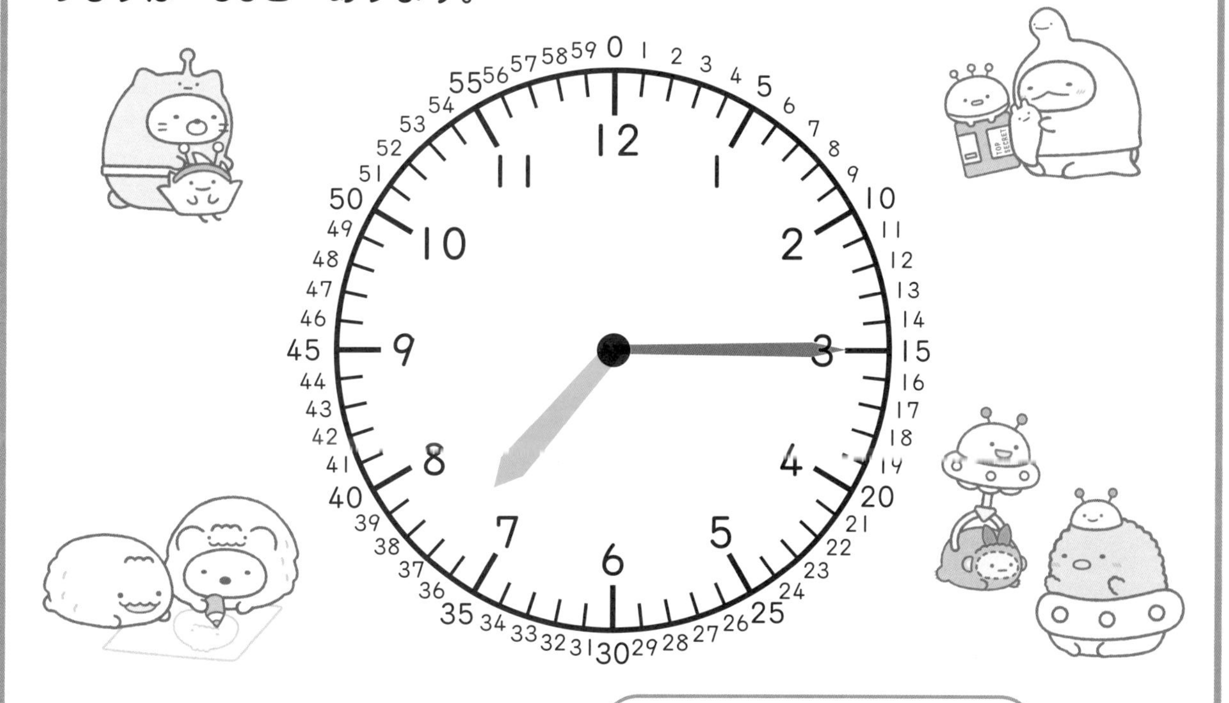

時計の　1めもりは　1分です。長い　はりが　15めもり　の　ところに　あるから　15分です。

1 時計の　長い　はりが　しめして　いるのは、何分ですか。□に　当てはまる　数字を　書きましょう。

1つ10点(30点)

① 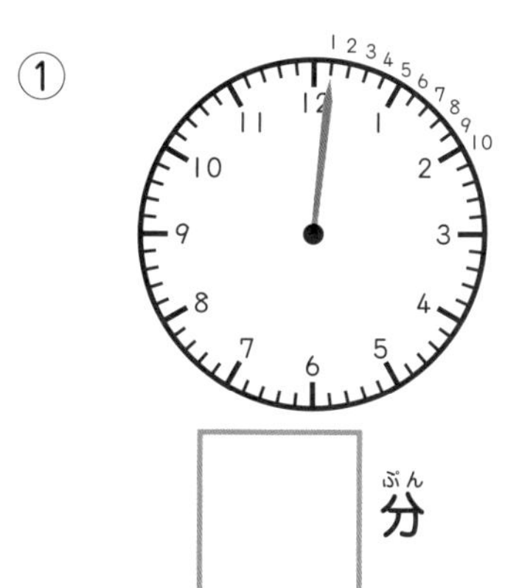

□分

② 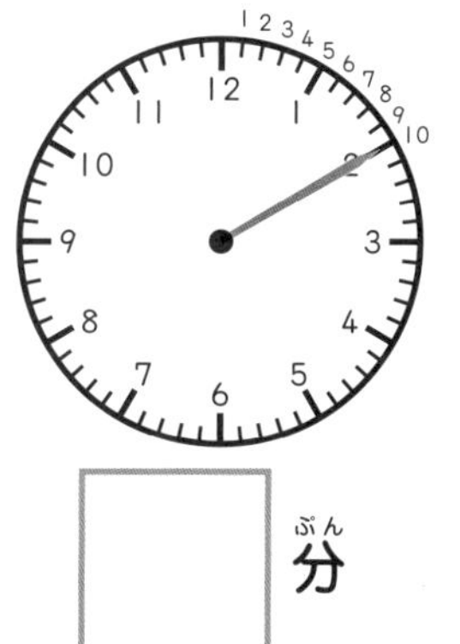

□分

③ 

□分

② 時計の　長い　はりが　しめして　いるのは、何分ですか。□に　当てはまる　数字を　書きましょう。

1つ10点(30点)

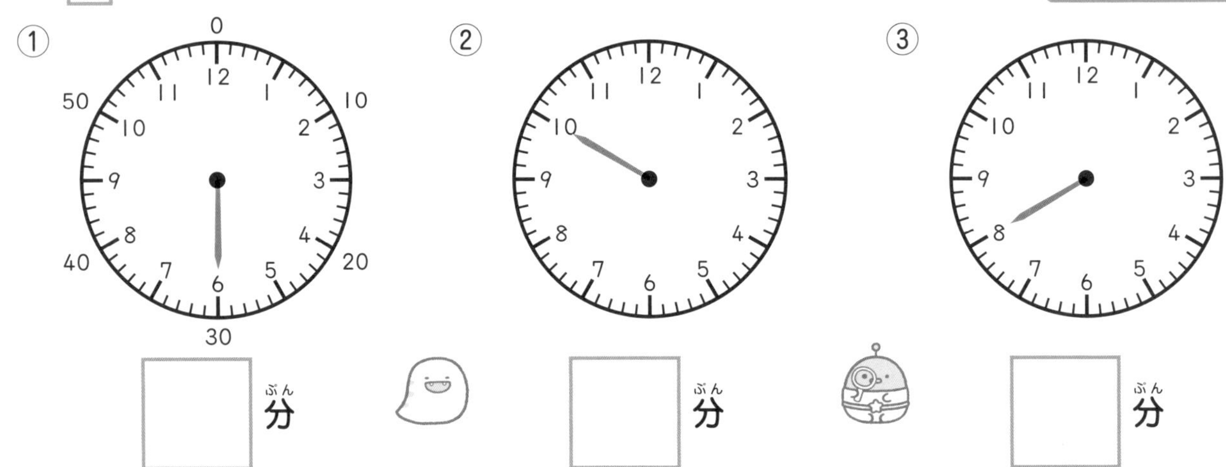

①　□分　　②　□分　　③　□分

③ 時計の　長い　はりが　[　　]の　中の　時間を　しめして　いるのは、どちらですか。正しい　ほうの（　　）に　○を　つけましょう。

ぜんぶできて40点

① [20分]

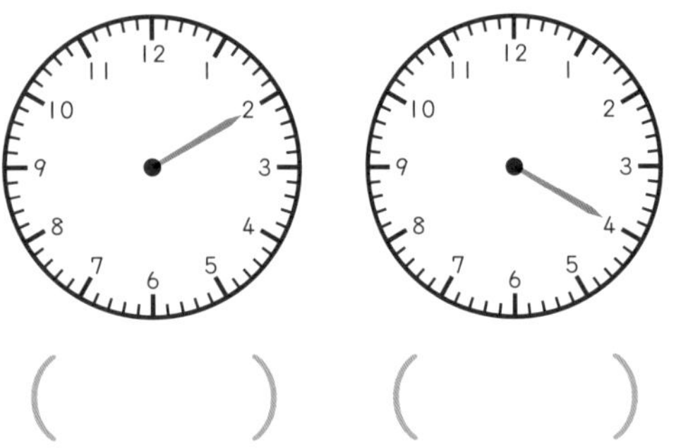

（　　）（　　）

② [10分]

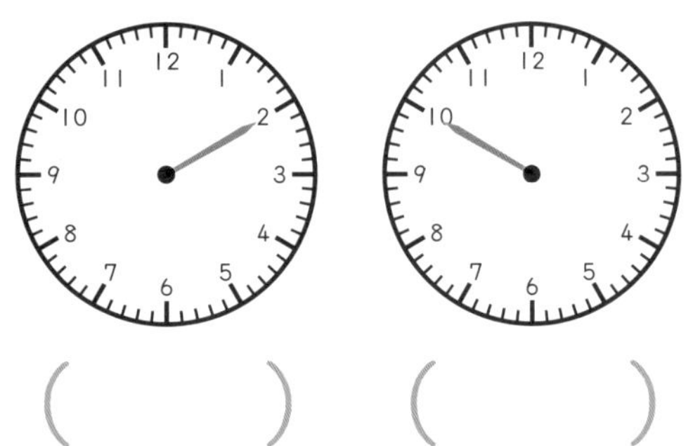

（　　）（　　）

③ [30分]

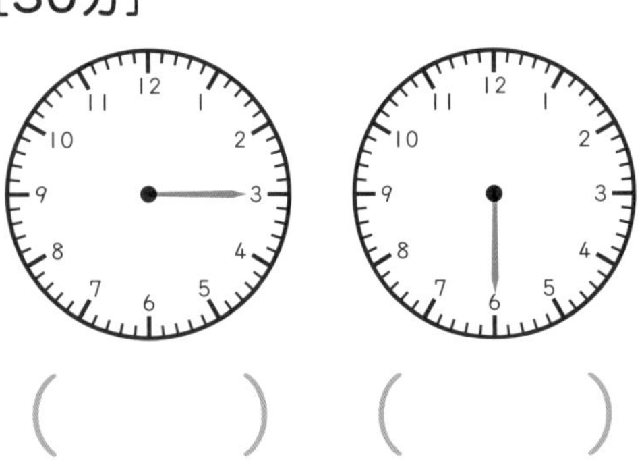

（　　）（　　）

8 時計の　読み方⑤

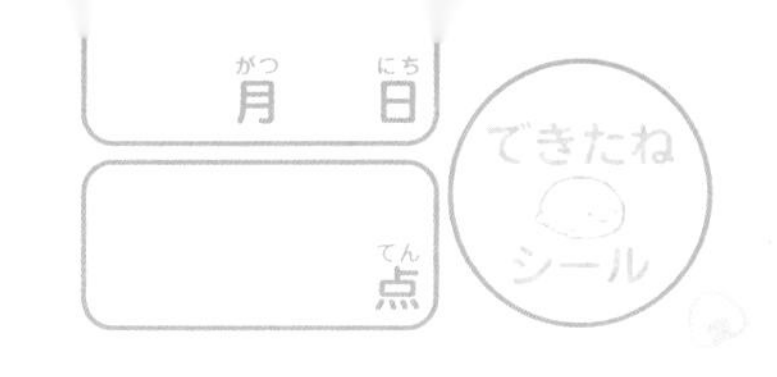

1 時計の　長い　はりが　しめして　いるのは、何分ですか。
□に　当てはまる　数字を　書きましょう。

1つ8点（64点）

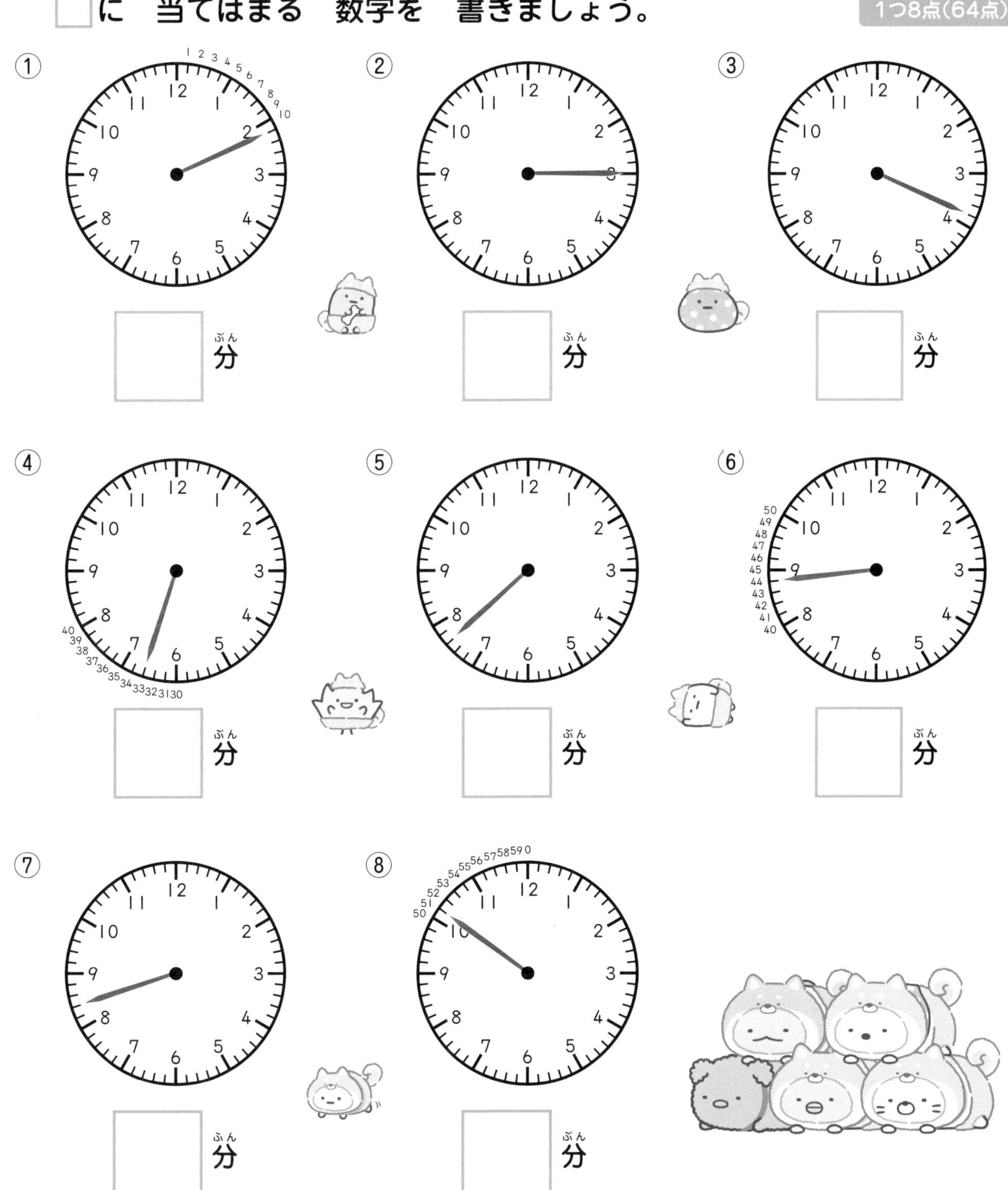

2 時計(とけい)の 長(なが)い はりが [ ] の 中(なか)の 時間(じかん)を しめして いるのは、どちらですか。正(ただ)しい ほうの ( ) に ○を かきましょう。

1つ2点(てん)(6点(てん))

① [15分(ふん)]

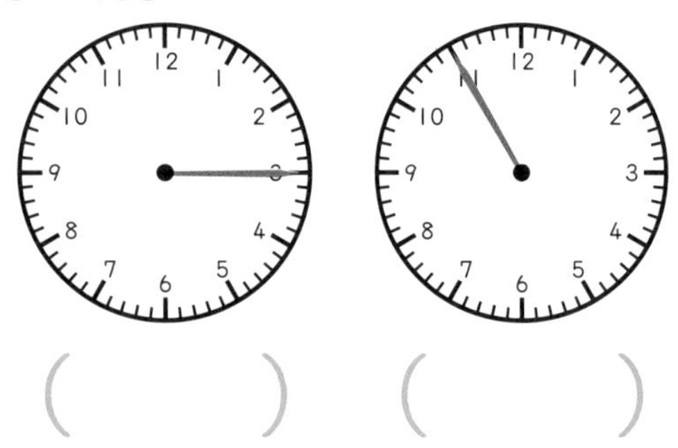

( ) ( )

② [25分(ふん)]

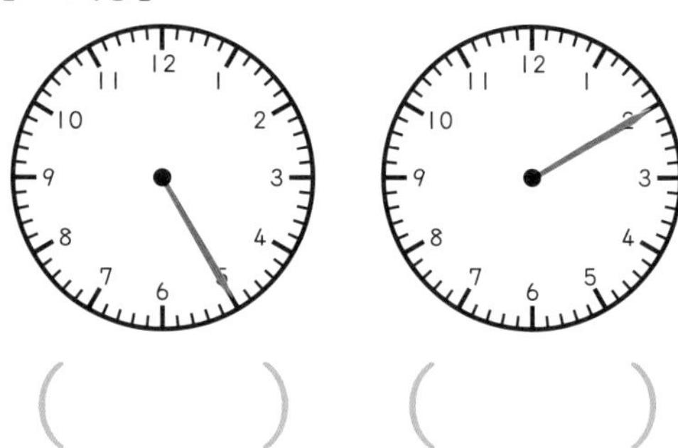

( ) ( )

③ [45分(ふん)]

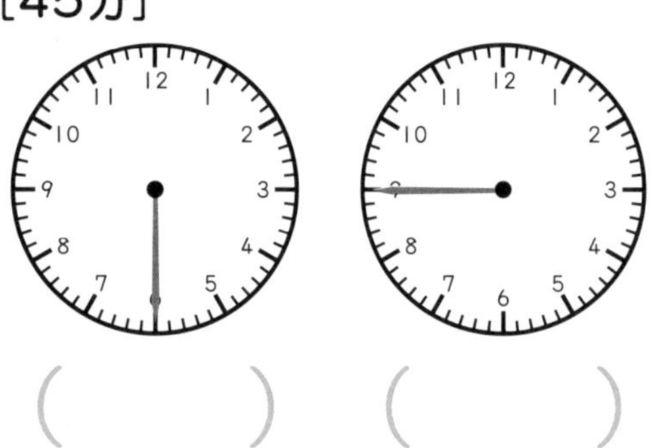

( ) ( )

3 [ ] の 中(なか)の 時間(じかん)に なるように 長(なが)い はりを かきましょう。

1つ6点(てん)(30点(てん))

① [13分(ぷん)]

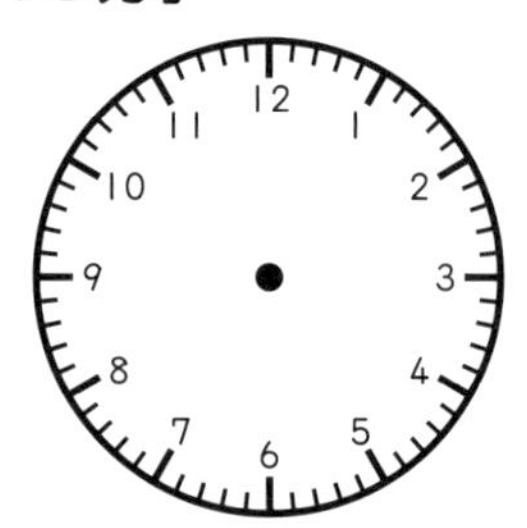

② [56分(ぷん)]

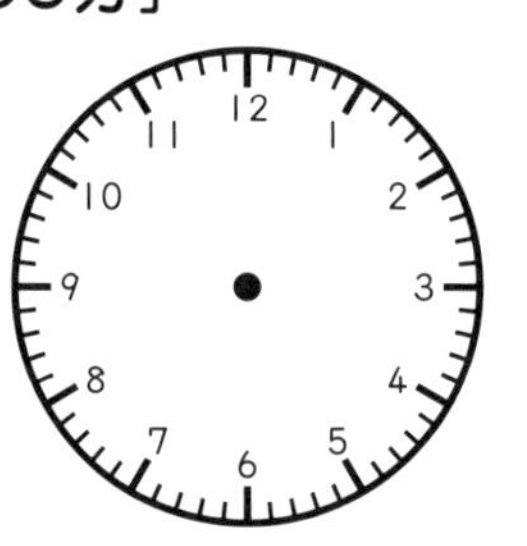

③ [24分(ぷん)]

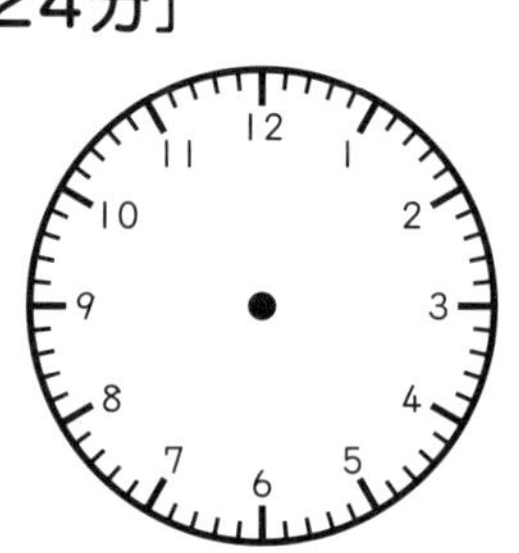

④ [47分(ふん)]

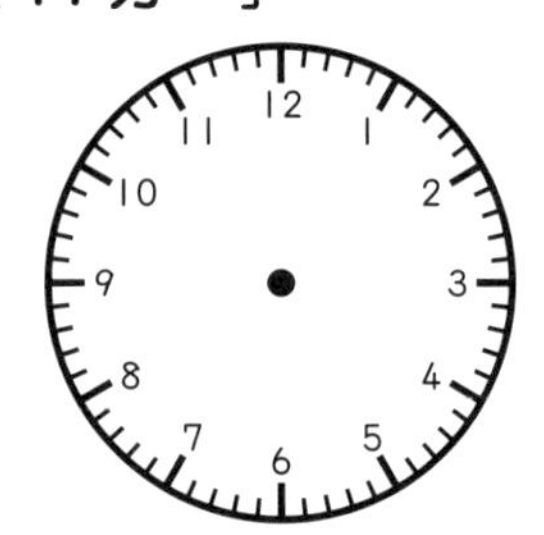

⑤ [36分(ぷん)]

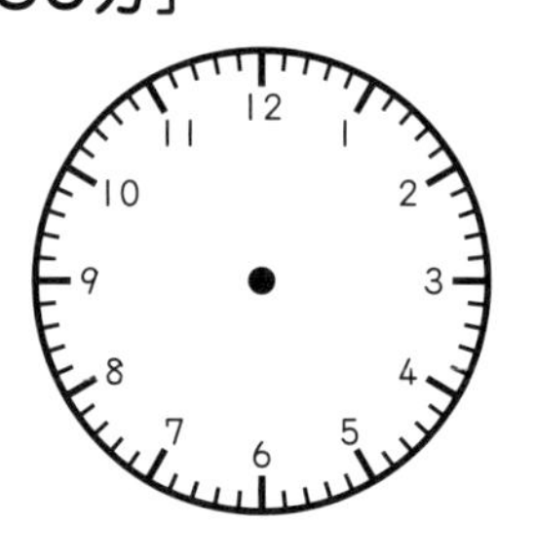

9 時計の　読み方⑥

月　日

点

できたね シール

何時何分

時計は　みじかい　はりで　何時を、長い　はりで　何分を
しめして　います。

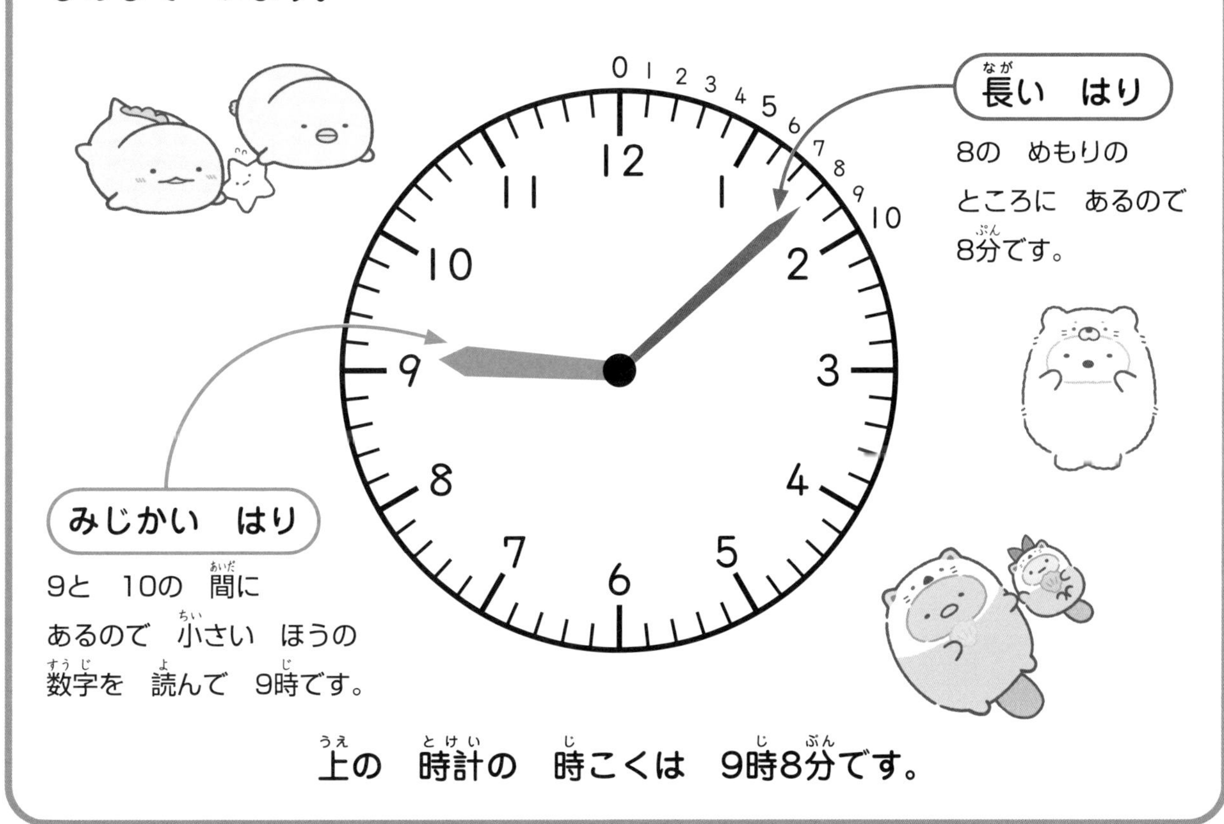

上の　時計の　時こくは　9時8分です。

1 何時何分ですか。□に　当てはまる　数字を　書きましょう。

1つ10点(30点)

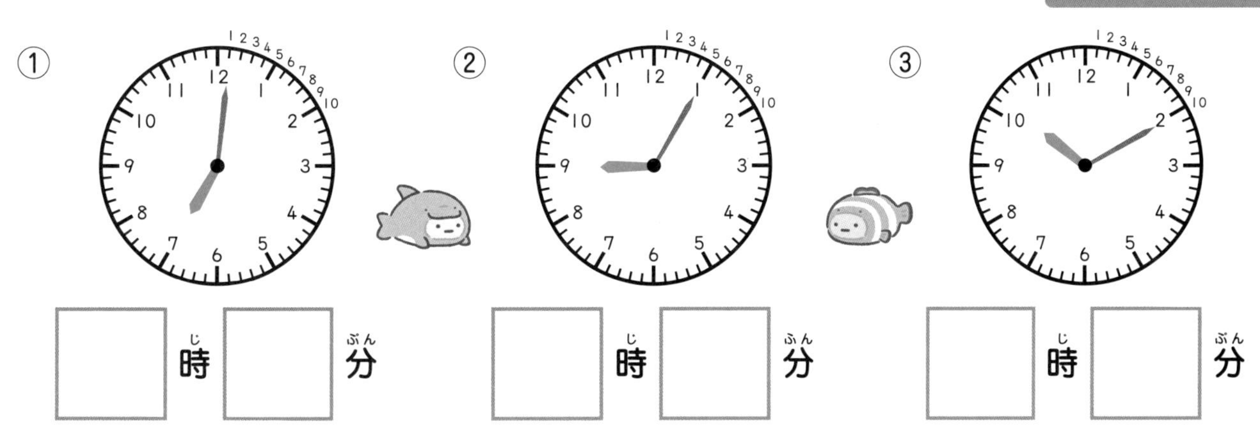

2 [　　] の 中の 時間に なるように
長い はりと みじかい はりを かきましょう。

1つ10点(40点)

① [2時2分]

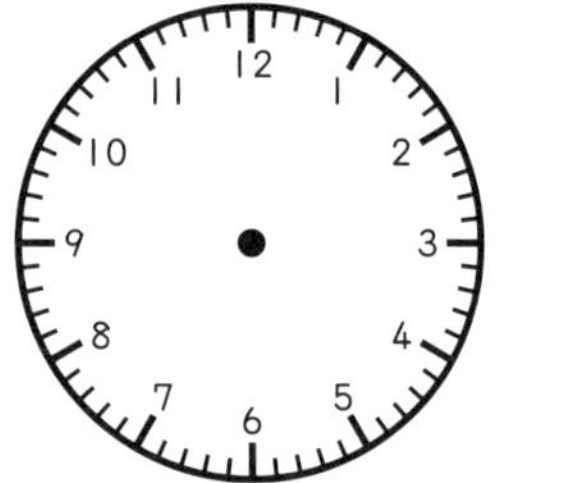

② [5時7分]

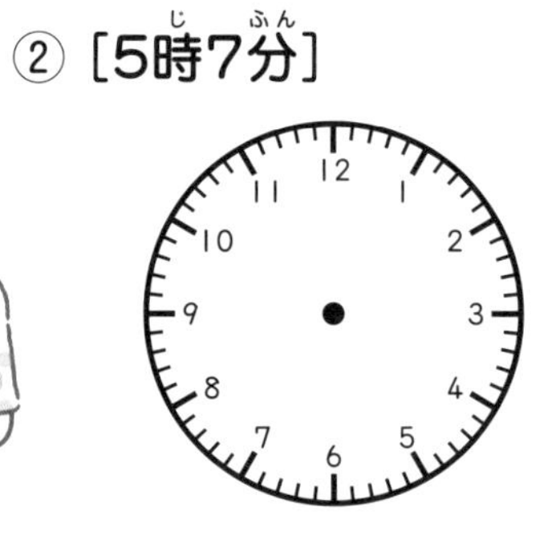

③ [11時4分]

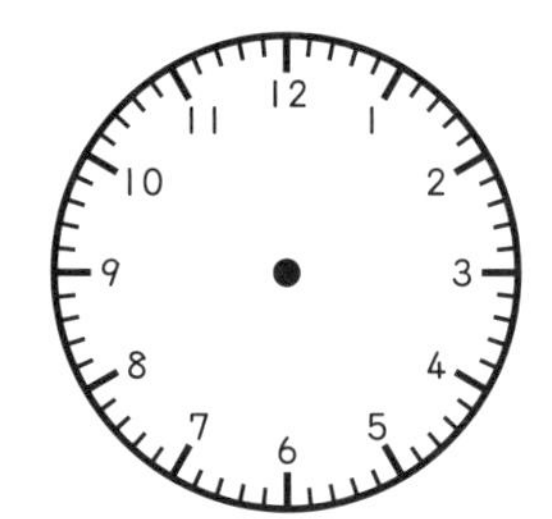

④ [6時10分]

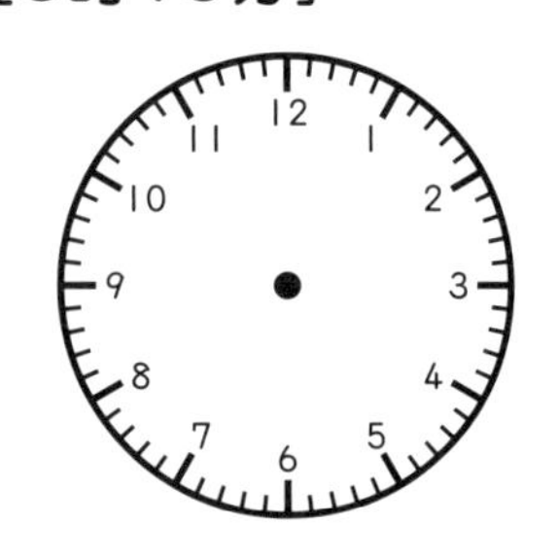

3 左の 時計と 同じ 時こくを しめして いる デジタル時計を
線で むすびましょう。

ぜんぶできて30点

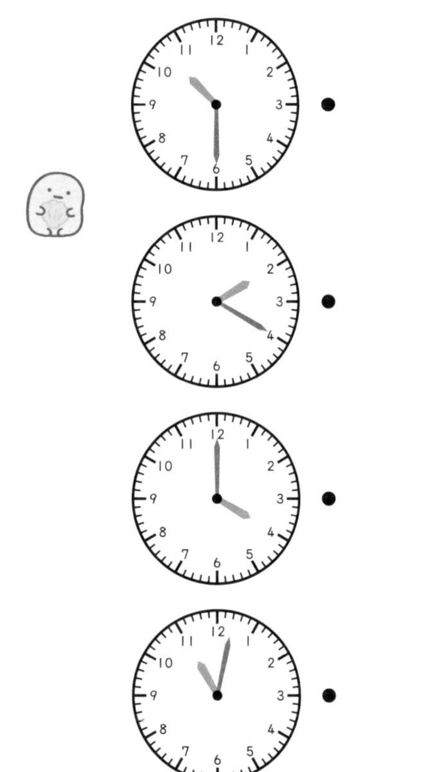

10 時計の　読み方⑦

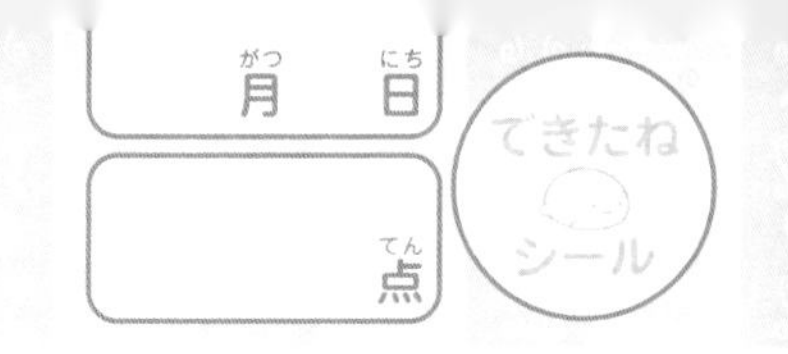

1 時計が　しめして　いるのは、何時何分ですか。
□に　答えを　書きましょう。

1つ5点(40点)

①

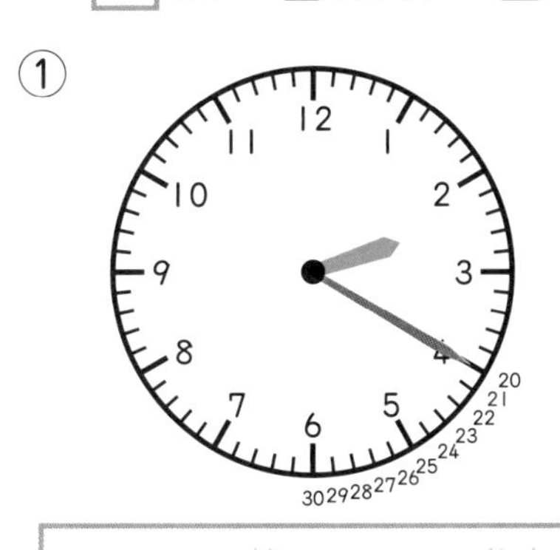

②

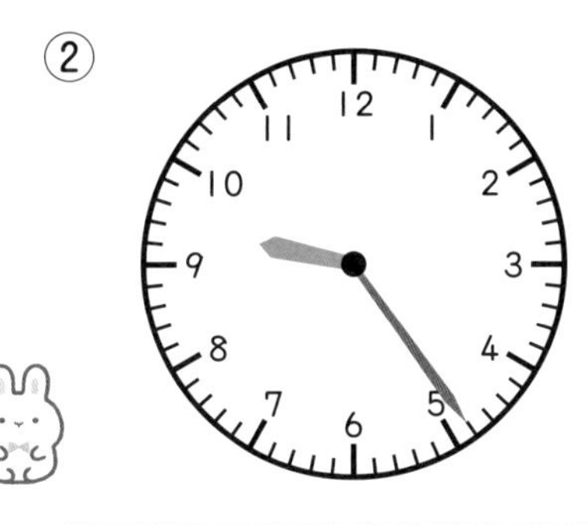

③

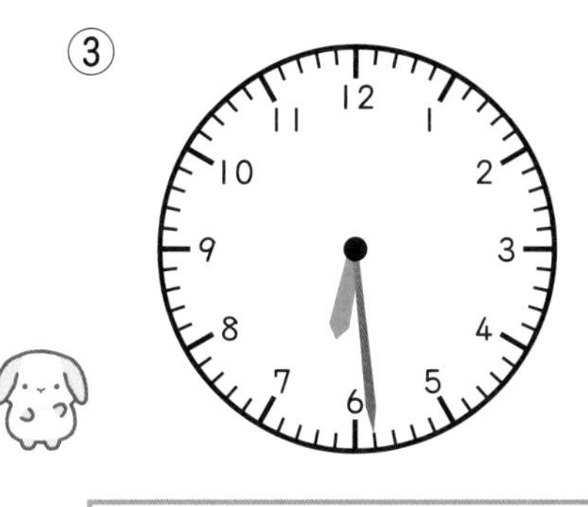

④

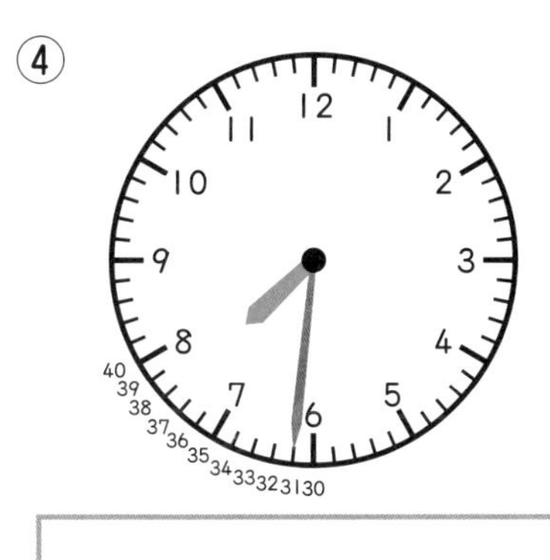

⑤

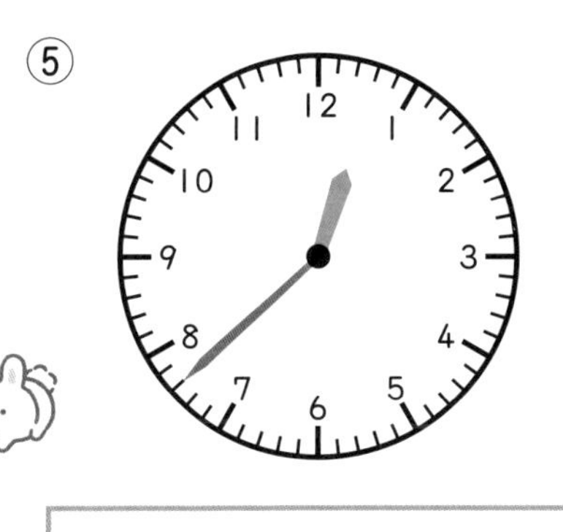

⑥

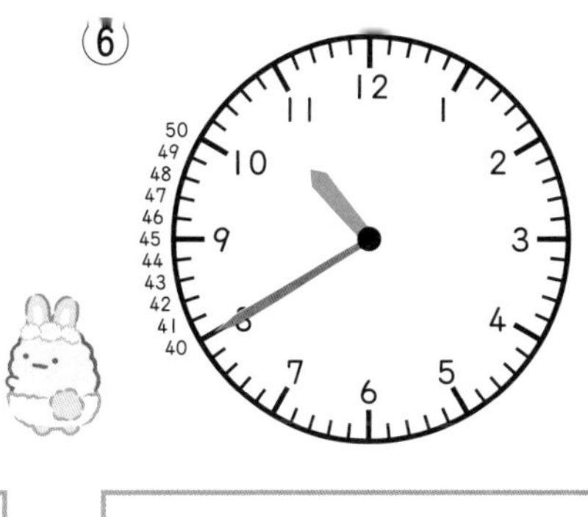

⑦

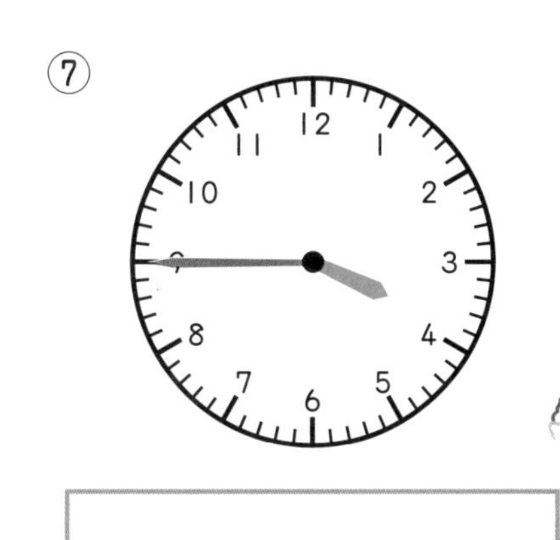

⑧

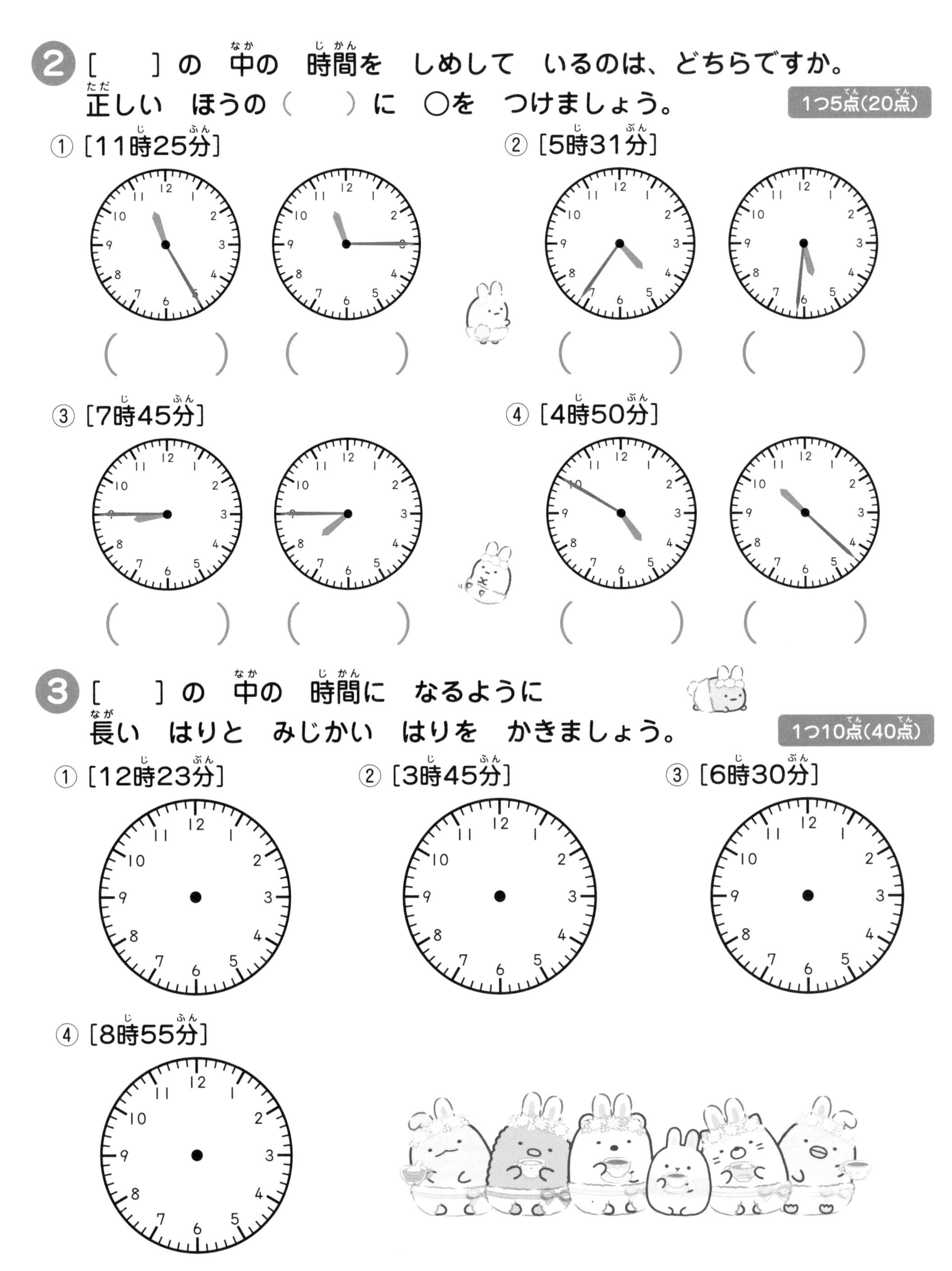

2 [　　] の 中の 時間を しめして いるのは、どちらですか。
正しい ほうの（　　）に ○を つけましょう。　1つ5点(20点)

① [11時25分]

（　　）（　　）

② [5時31分]

（　　）（　　）

③ [7時45分]

（　　）（　　）

④ [4時50分]

（　　）（　　）

3 [　　] の 中の 時間に なるように
長い はりと みじかい はりを かきましょう。　1つ10点(40点)

① [12時23分]

② [3時45分]

③ [6時30分]

④ [8時55分]

11 ふくしゅう ドリル②

1 時計の 長い はりが しめして いるのは、何分ですか。
□に 当てはまる 数字を 書きましょう。 1つ6点(30点)

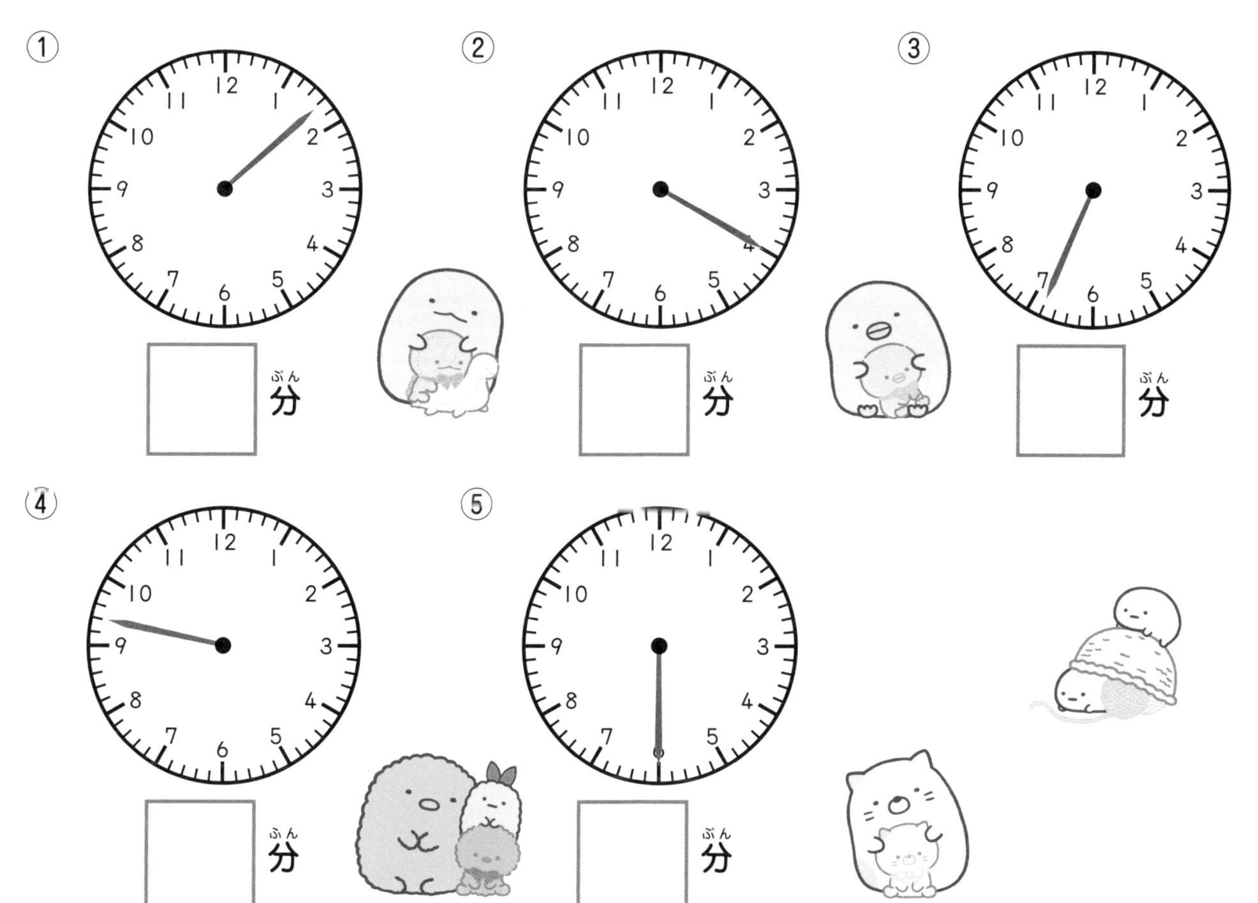

2 [ ] の 中の 時間を しめして いるのは、どちらですか。
正しい ほうの ( ) に ○を つけましょう。 1つ10点(20点)

① [9時10分]

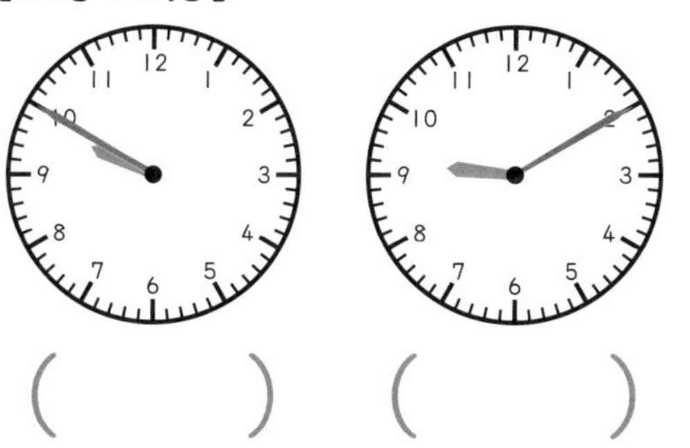

② [2時43分]

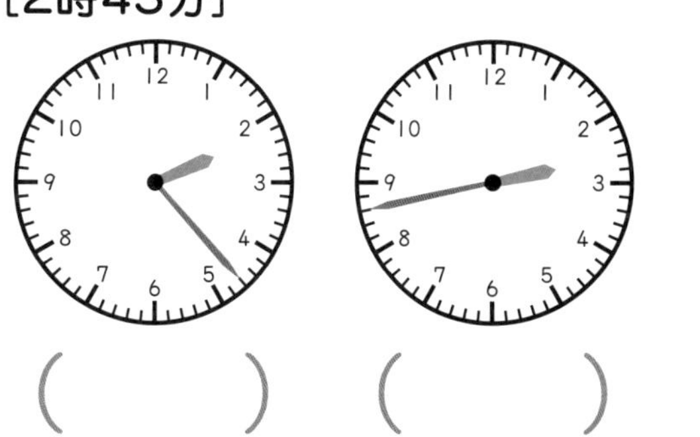

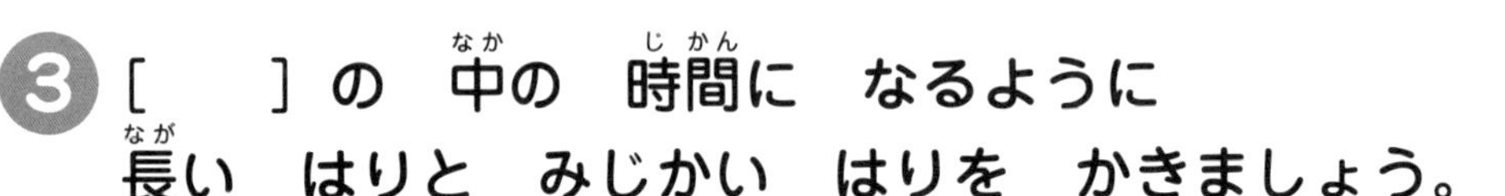

3 [　　] の 中の 時間に なるように 長い はりと みじかい はりを かきましょう。

1つ6点(30点)

① [5時10分]　② [8時35分]　③ [11時22分]

④ [12時43分]　⑤ [3時38分]

4 正しい 時間の 時計を 通って ゴールまで すすみましょう。

ぜんぶできて40点

12 午前と　午後

1日は　午前と　午後に　分けられます

1日は　24時間です。時計の　長い　はりは　1日に　24回、みじかい　はりは　1日に　2回　回ります。

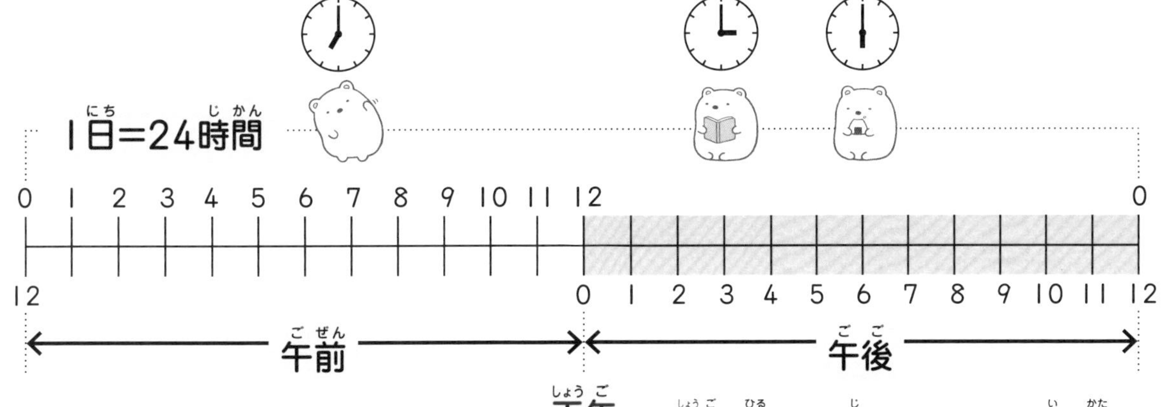

正午（昼の　12時）の　前と　後で　午前と　午後に　分けられます。
午前は　夜の　12時から　正午（昼の　12時）までの　12時間です。
午後は　正午（昼の　12時）から　夜の　12時までの　12時間です。
夜の　12時（午後12時）を　午前0時、
昼の　12時（午前12時）を　午後0時とも　いいます。

1 時計の　時こくは　何時何分ですか。□に　答えを　書きましょう。午前か　午後かも　答えましょう。　1つ15点(30点)

① 朝

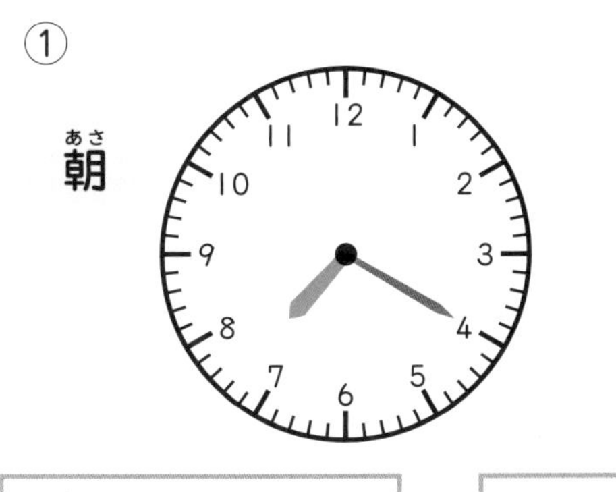

午前 ＿＿ 時 ＿＿ 分

② 夜

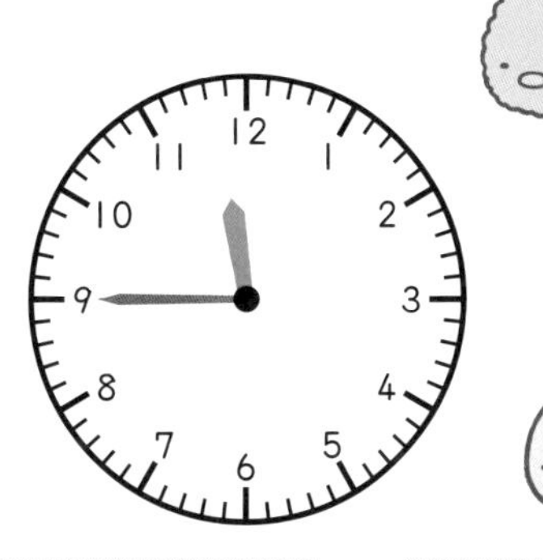

午後 ＿＿ 時 ＿＿ 分

② 下の 絵を 見て もんだいに 答えましょう。午前か 午後かも 答えましょう。

1つ10点(70点)

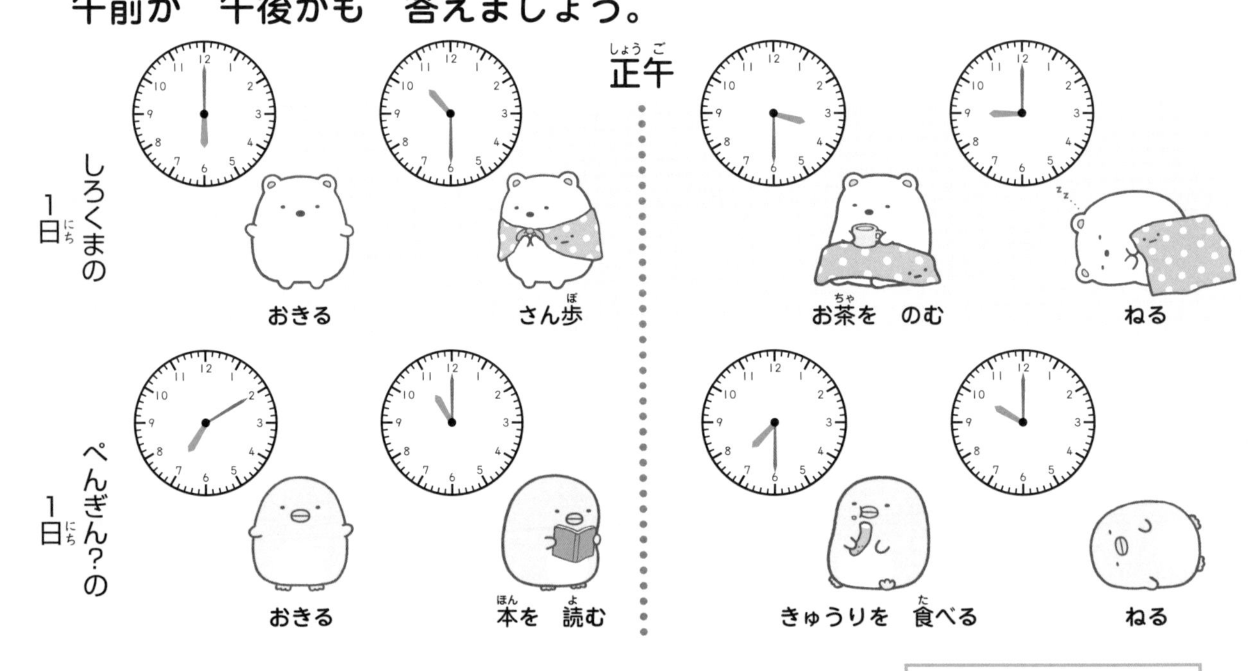

① しろくまが おきた 時こくは 何時ですか。 ［　　］時

② しろくまが さん歩に 出かけた 時こくは 何時何分ですか。 ［　　］時［　　］分

③ しろくまが お茶を のんだ 時こくは 何時何分ですか。 ［　　］時［　　］分

④ ぺんぎん？が 本を 読んだ 時こくは 何時ですか。   時

⑤ ぺんぎん？が きゅうりを 食べた 時こくは 何時何分ですか。  時 分

⑥ 早く おきたのは しろくまと ぺんぎん？ どちらですか。 ［　　］

⑦ ねるのが おそかったのは しろくまと ぺんぎん？ どちらですか。  

1時間は　60分①

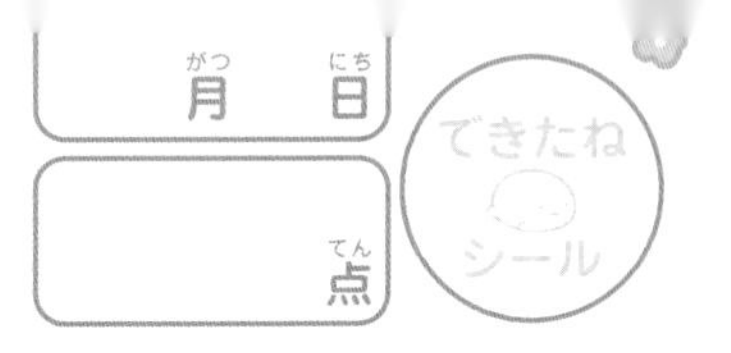

長い　はり　ひと回り＝1時間＝60分

時計の　1めもりは　1分です。
長い　はりが　ひと回りすると
60めもりで　60分。
1時間は　60分です。

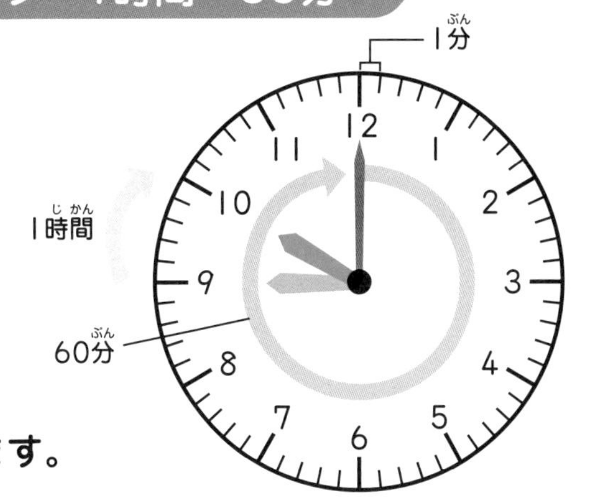

長い　はりが　ひと回りする　間に
みじかい　はりは　5めもり　すすみます。

2時間は　長い　はりが　2回　回るので　60分＋60分で　120分です。
1時間10分は　60分と　10分だから、60分＋10分で　70分です。

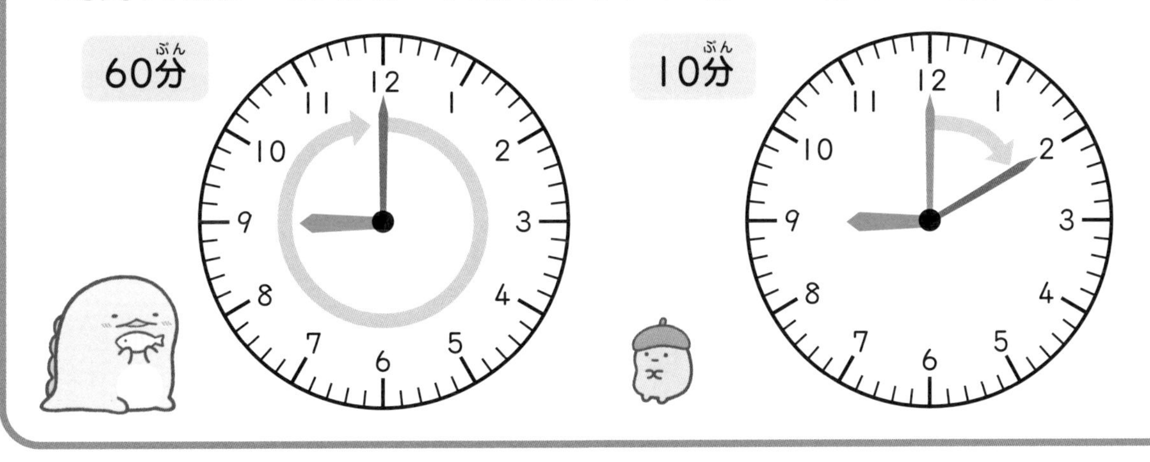

1 □に　当てはまる　数字を　書きましょう。　1つ5点(15点)

① 時計の　長い　はりが　ひと回りすると　□　時間です。

② 時計の　長い　はりが　60めもり　すすむと　□　時間です。

③ 時計の　みじかい　はりが　5めもり　すすむと　□　時間です。

2 □に 当てはまる 数字を 書きましょう。

1つ7点(70点)

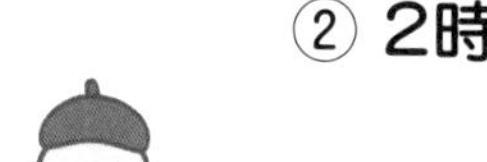

① 1時間 ＝ □ 分

② 2時間 ＝ □ 分

③ 3時間 ＝ □ 分

④ 5時間 ＝ □ 分

⑤ 1時間10分 ＝ □ 分

⑥ 1時間20分 ＝ □ 分

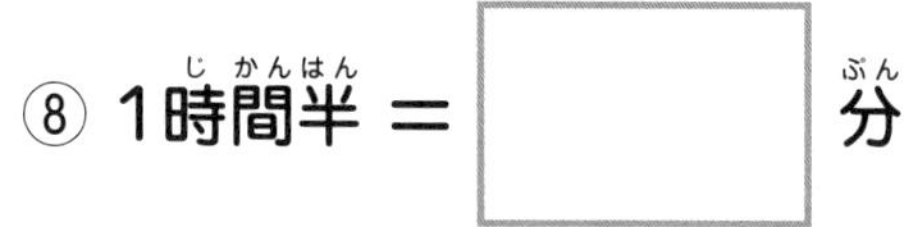

⑦ 1時間40分 ＝ □ 分

⑧ 1時間半 ＝ □ 分

※1時間半は 1時間30分と 同じです。

⑨ 4時間 ＝ □ 分

⑩ 2時間10分 ＝ □ 分

3 □に 当てはまる 数字を 書きましょう。

1つ5点(15点)

① しろくまが お昼ねを して いたら、時計の 長い はりが 3回 回りました。何時間 たちましたか。

□ 時間

② とんかつと えびふらいの しっぽが 公園で あそんで いたら、時計の みじかい はりが 5めもり すすみました。何時間 たちましたか。

□ 時間

③ ねこが ごはんを 食べて いたら、時計の 長い はりが 1回 回りました。何分 たちましたか。

□ 分

14 1時間は　60分②

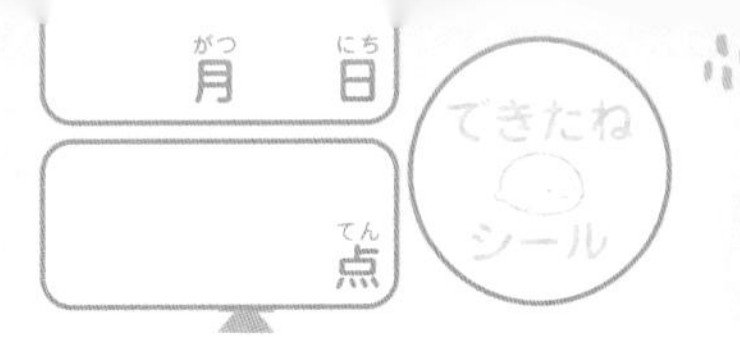

1 □に　当てはまる　数字を　書きましょう。　1つ5点(20点)

① 60分 ＝ □ 時間

② 120分 ＝ □ 時間

③ 180分 ＝ □ 時間

④ 360分 ＝ □ 時間

2 □に　当てはまる　数字を　書きましょう。　1つ5点(25点)

① 70分 ＝ □ 時間 □ 分

② 90分 ＝ □ 時間 □ 分

③ 110分 ＝ □ 時間 □ 分

④ 140分 ＝ □ 時間 □ 分

⑤ 160分 ＝ □ 時間 □ 分

3 □に 当てはまる 数字を 書きましょう。

1つ5点(25点)

① 80分 = □ 時間 □ 分

② 100分 = □ 時間 □ 分

③ 130分 = □ 時間 □ 分

④ 150分 = □ 時間 □ 分

⑤ 190分 = □ 時間 □ 分

4 左の 時間と 同じ 時間を しめして いる カードを 線で むすびましょう。

ぜんぶできて30点

1時間 •	• 120分
1時間半 •	• 60分
2時間 •	• 150分
2時間半 •	• 90分

15 1時間は 60分③

1 2つの 時間を くらべて □に 答えを 書きましょう。

1つ10点(50点)

① どちらが 長いですか。

1時間 50分 答え □

② どちらが 長いですか。

1時間 70分 答え □

③ どちらが 長いですか。

2時間 110分 答え □

④ どちらが みじかいですか。

1時間半 80分 答え □

⑤ どちらが みじかいですか。

3時間 150分 答え □

2 2つの 時間を くらべて □に 答えを 書きましょう。

1つ10点(30点)

① どちらが 長いですか。

1時間10分　　60分

答え □

② どちらが みじかいですか。

1時間30分　　80分

答え □

③ どちらが みじかいですか。

1時間50分　　120分

答え □

3 □に 当てはまる 答えを 書きましょう。

1つ10点(20点)

① しろくまは 1時間、ねこは 50分 本を 読んで いました。
どちらが 長く 本を 読んで いましたか。

答え □

② ぺんぎん？は 70分、とんかつは 1時間20分 電車に のって いました。どちらが 何分 長く 電車に のって いましたか。

答え □ が □ 分 長く 電車に のって いた。

16 ふくしゅう　ドリル③

1 □に　当てはまる　ことばを　書きましょう。　1つ5点(10点)

① 夜の　12時から　正午までを  と　いいます。

② 正午から　夜の　12時までを  と　いいます。

2 時計の　しめして　いる　時こくは　何時何分ですか。
□に　答えを　書きましょう。午前か　午後かも　答えましょう。

1つ6点(24点)

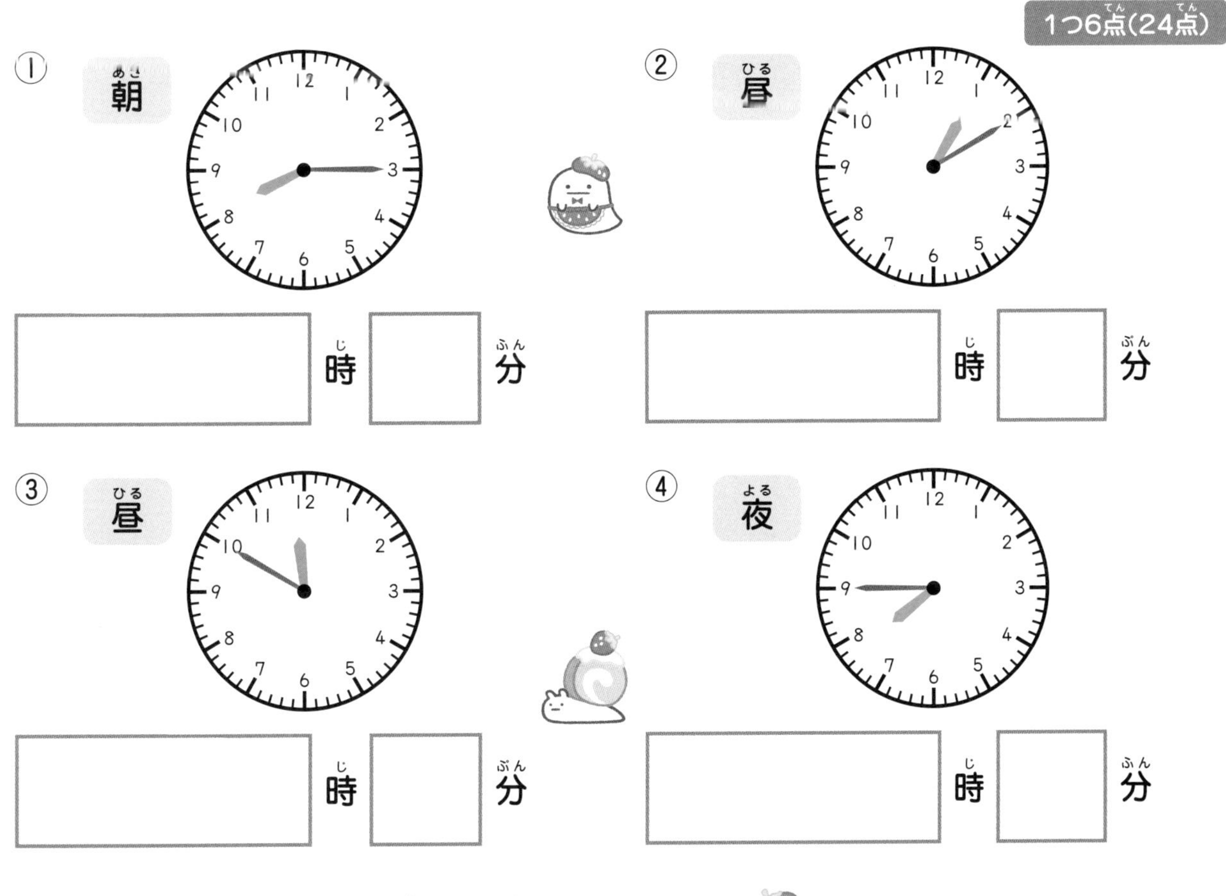

3 □に 当てはまる 数字を 書きましょう。

1つ6点(36点)

① 1時間10分 ＝ □ 分

② 1時間半 ＝ □ 分

※1時間半は 1時間30分と 同じです。

③ 1時間50分 ＝ □ 分

④ 2時間 ＝ □ 分

⑤ 80分 ＝ □ 時間 □ 分

⑥ 150分 ＝ □ 時間 □ 分

4 2つの 時間を くらべて、長い 時間の ほうを 通って ゴールまで すすみましょう。

ぜんぶできて30点

スタート

65分 / 1時間

2時間 / 100分

190分 / 3時間

100分 / 2時間 10分

1時間 50分 / 100分

80分 / 1時間半

200分 / 3時間 10分

160分 / 2時間半

70分 / 1時間 30分

1時間 40分 / 90分

ゴール

17

何時間①

今の　時こくから　何時間

何時間かを　見る　ときは、みじかい　はりが　何めもり　すすんだかを見ます。

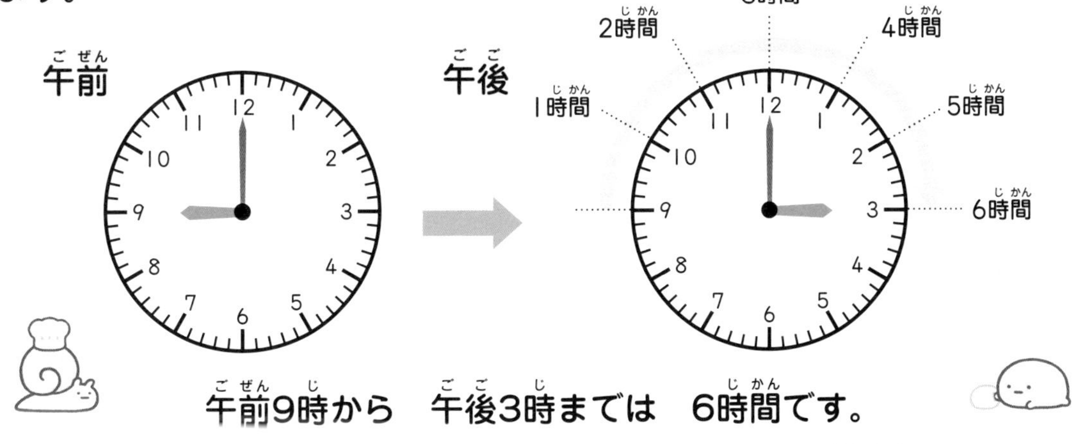

午前9時から　午後3時までは　6時間です。

1 左の　時こくから　右の　時こくまでの　時間は　何時間ですか。
□に　当てはまる　数字を　書きましょう。　1つ20点(40点)

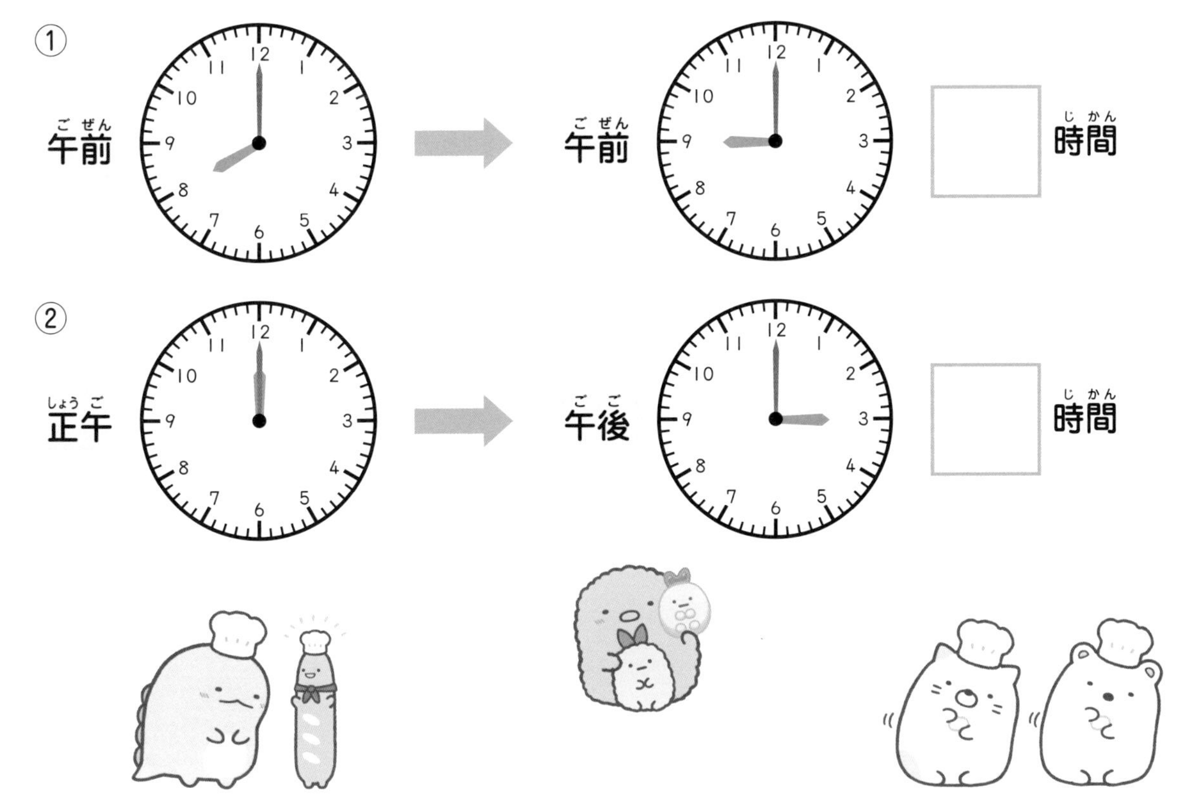

❷ 左の　時こくから　右の　時こくまでの　時間は　何時間ですか。□に　当てはまる　数字を　書きましょう。

1つ10点(60点)

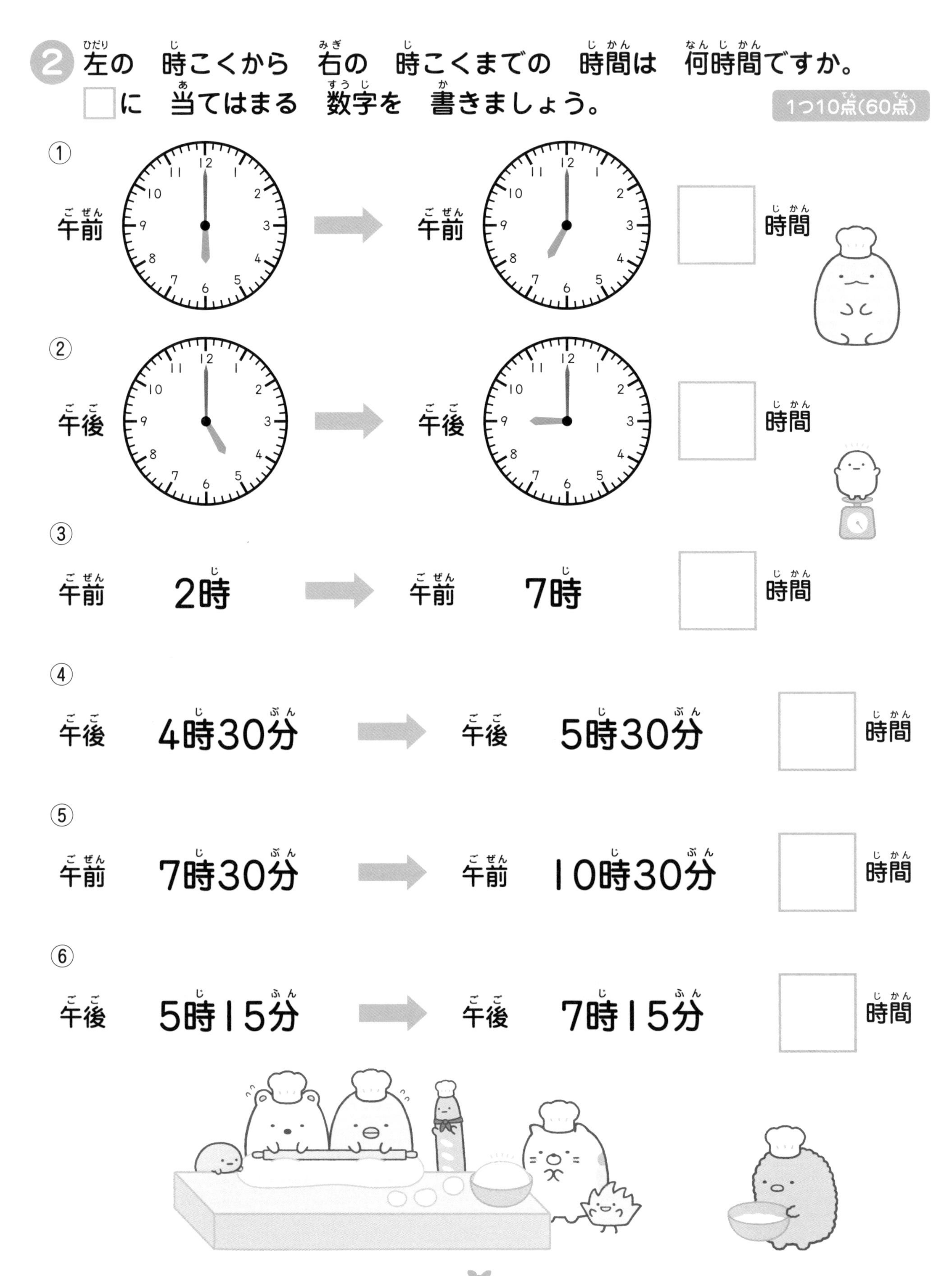

① 午前（6時）→ 午前（7時）　□時間

② 午後（5時）→ 午後（9時）　□時間

③ 午前　2時 → 午前　7時　□時間

④ 午後　4時30分 → 午後　5時30分　□時間

⑤ 午前　7時30分 → 午前　10時30分　□時間

⑥ 午後　5時15分 → 午後　7時15分　□時間

18 何時間②

1 左の 時こくから 右の 時こくまでの 時間は 何時間ですか。
□に 当てはまる 数字を 書きましょう。 1つ10点(40点)

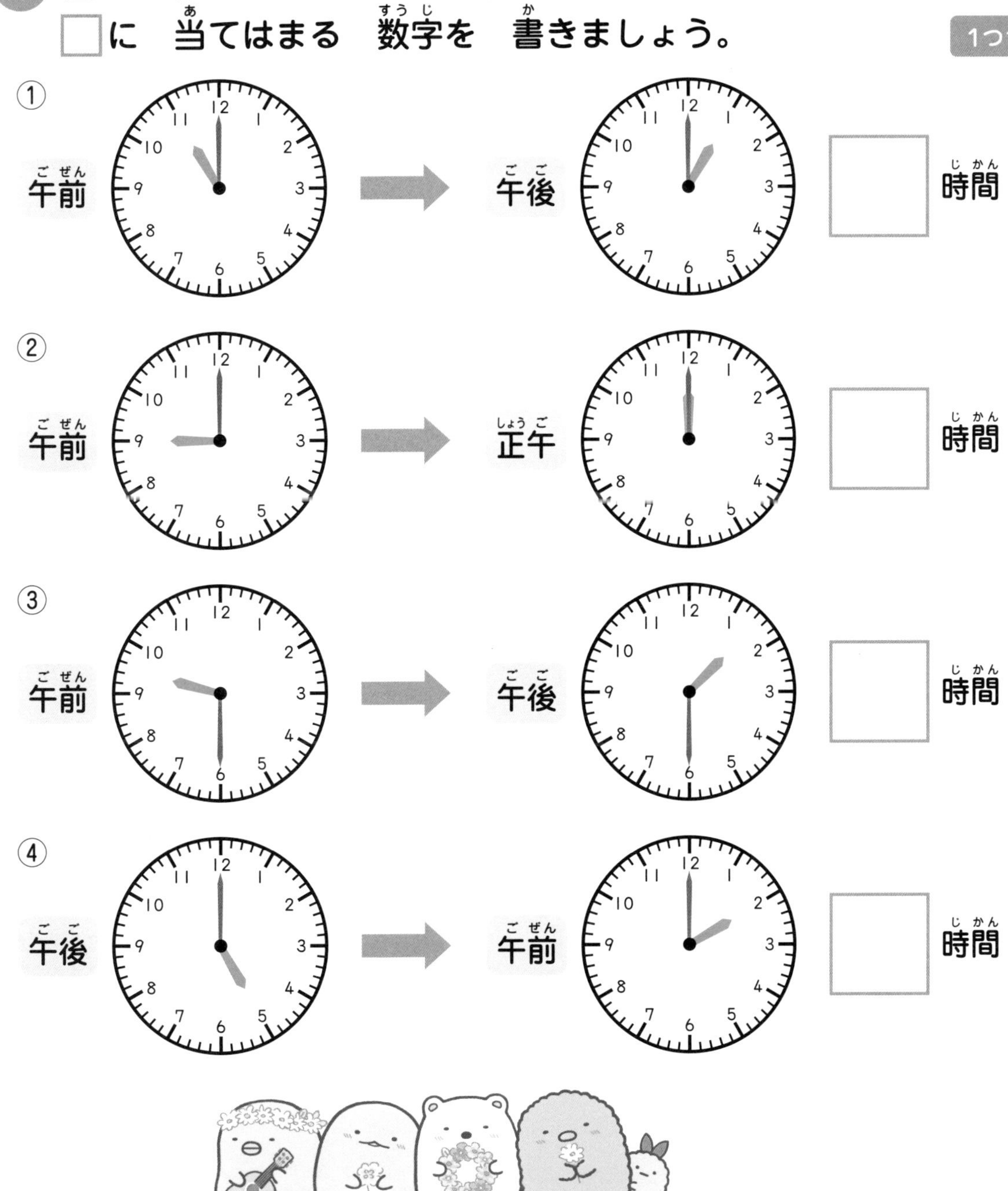

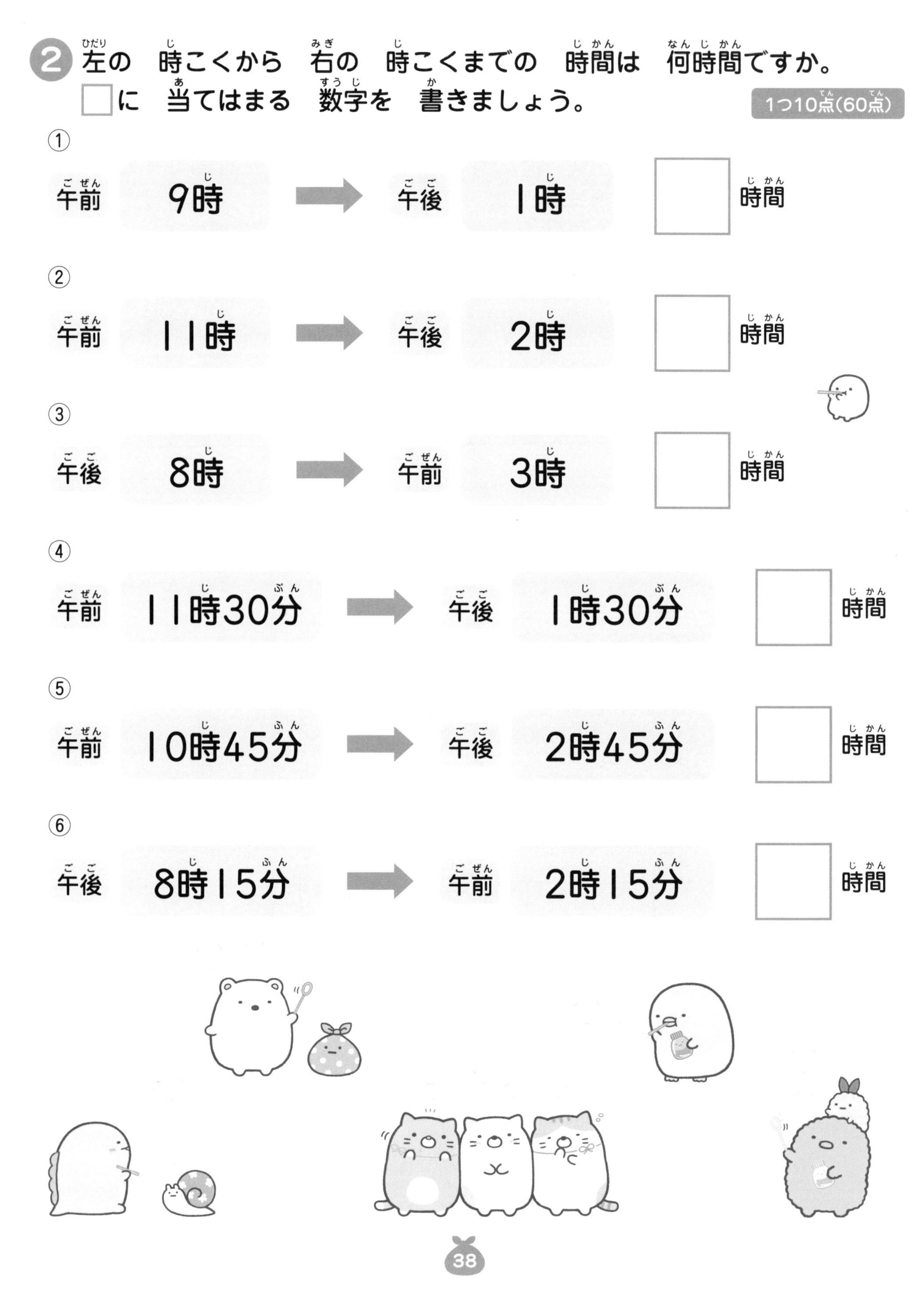

2 左の　時こくから　右の　時こくまでの　時間は　何時間ですか。
□に　当てはまる　数字を　書きましょう。　　1つ10点(60点)

①
午前　9時　→　午後　1時　□時間

②
午前　11時　→　午後　2時　□時間

③
午後　8時　→　午前　3時　□時間

④
午前　11時30分　→　午後　1時30分　□時間

⑤
午前　10時45分　→　午後　2時45分　□時間

⑥
午後　8時15分　→　午前　2時15分　□時間

19 何時間③

れい

□に 当てはまる 数を 書きましょう。

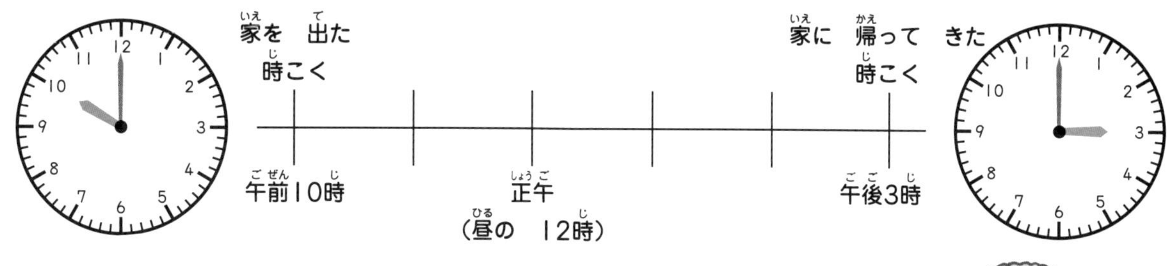

とんかつは 午前10時に 家を 出て、
午後3時に 帰って きました。

家を 出てから 帰って くるまでの 時間は [5] 時間です。

1 もんだい文を 読んで、□に 答えを 書きましょう。 1つ20点(40点)

① しろくまは 午前9時から、午前11時まで 本を 読みました。
しろくまは 何時間 本を 読んで いましたか。

② ぺんぎん？は 午後1時から 午後4時まで お昼ねを しました。
ぺんぎん？は 何時間 お昼ねを して いましたか。

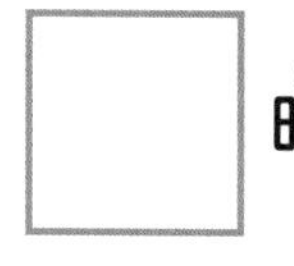

❷ もんだい文を　読んで、□に　答えを　書きましょう。　1つ15点(60点)

① とかげは　午前10時から　正午まで　プールで　およいで　いました。
とかげは　何時間　およいで　いましたか。

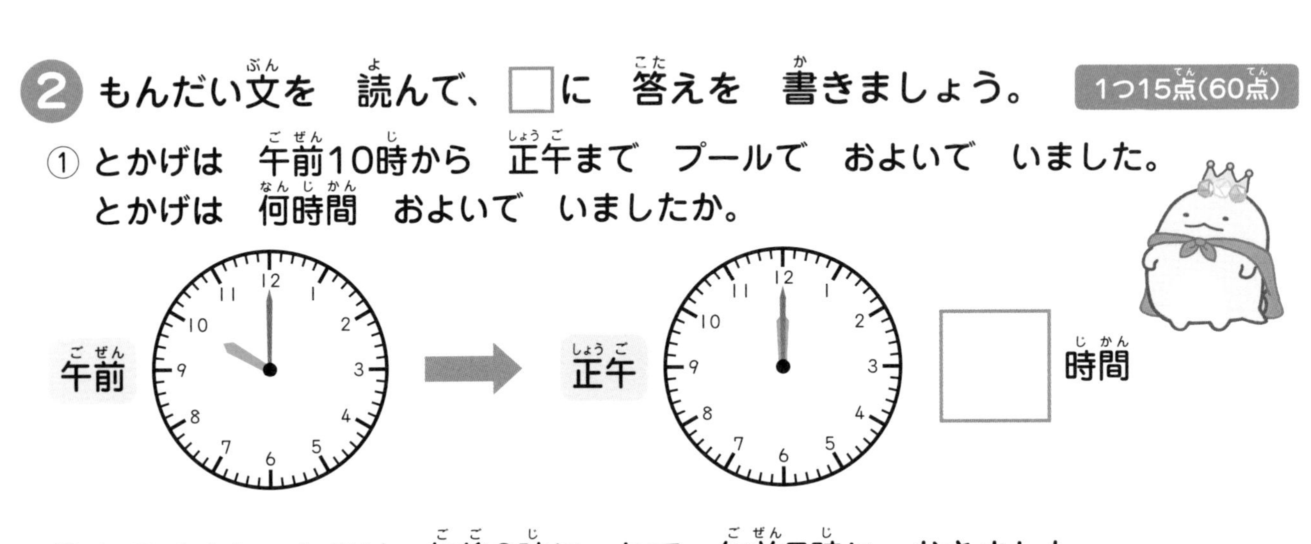

□時間

② しろくまと　ねこは　午後9時に　ねて、午前7時に　おきました。
しろくまと　ねこは　何時間　ねて　いましたか。

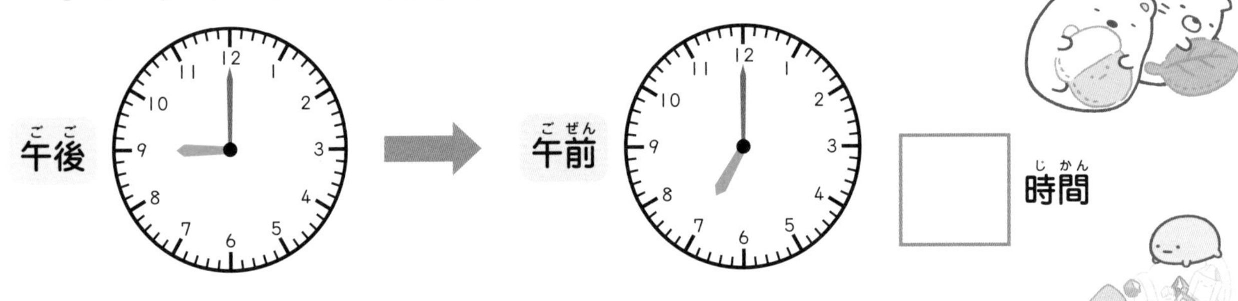

□時間

③ ぺんぎん？は　午前11時から　午後3時まで　お出かけ　して　いました。
ぺんぎん？が　お出かけ　して　いたのは　何時間ですか。

□時間

④ おばけは　午前11時30分から　午後1時30分まで　そうじを　して
いました。おばけは　何時間　そうじを　して　いましたか。

□時間

20 何分間①

今の 時こくから 何分間

何分間かを 見る ときは、長い はりが 何めもり すすんだかを 見ます。

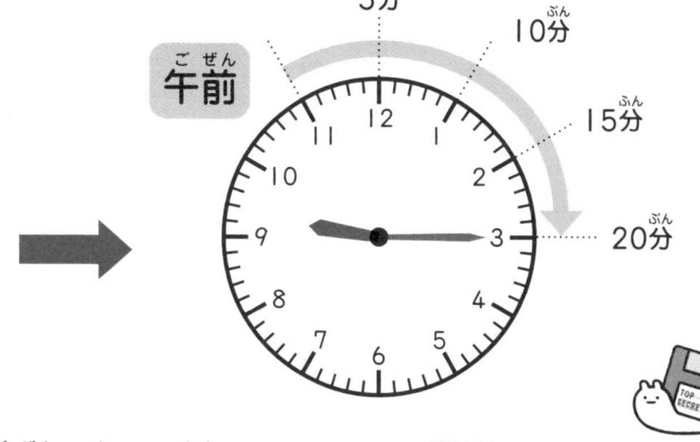

午前8時55分から 午前9時15分までは 20分間です。

1 左の 時こくから 右の 時こくまでの 時間は 何分間ですか。□に 当てはまる 数字を 書きましょう。 1つ20点(40点)

①

②

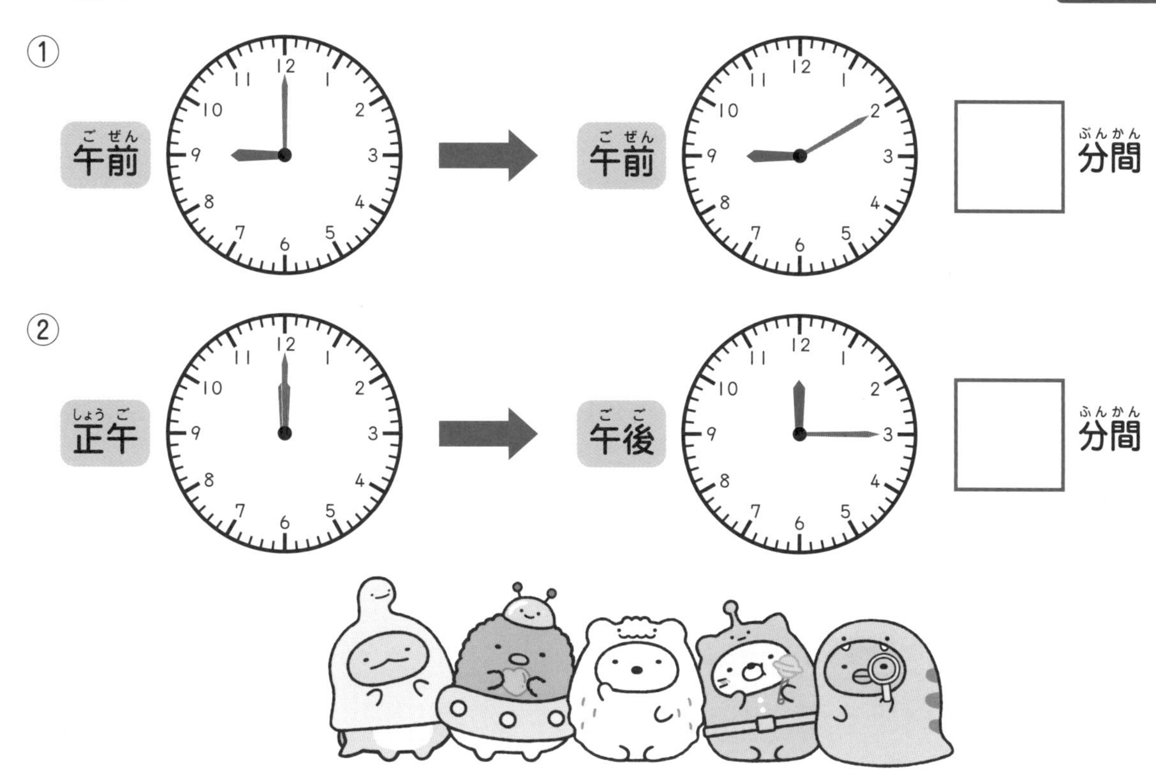

❷ 左の　時こくから　右の　時こくまでの　時間は　何分間ですか。

1つ10点(60点)

① 午前  → 午前  □分間

② 午後  → 午後  □分間

③ 午前 10時15分 → 午前 10時45分 □分間

④ 午後 7時5分 → 午後 7時55分 □分間

⑤ 午前 8時40分 → 午前 9時20分 □分間

⑥ 午後 9時30分 → 午後 10時15分 □分間

何分間②

1 左の　時こくから　右の　時こくまでの　時間は　何分間ですか。
□に　当てはまる　数字を　書きましょう。　1つ10点(40点)

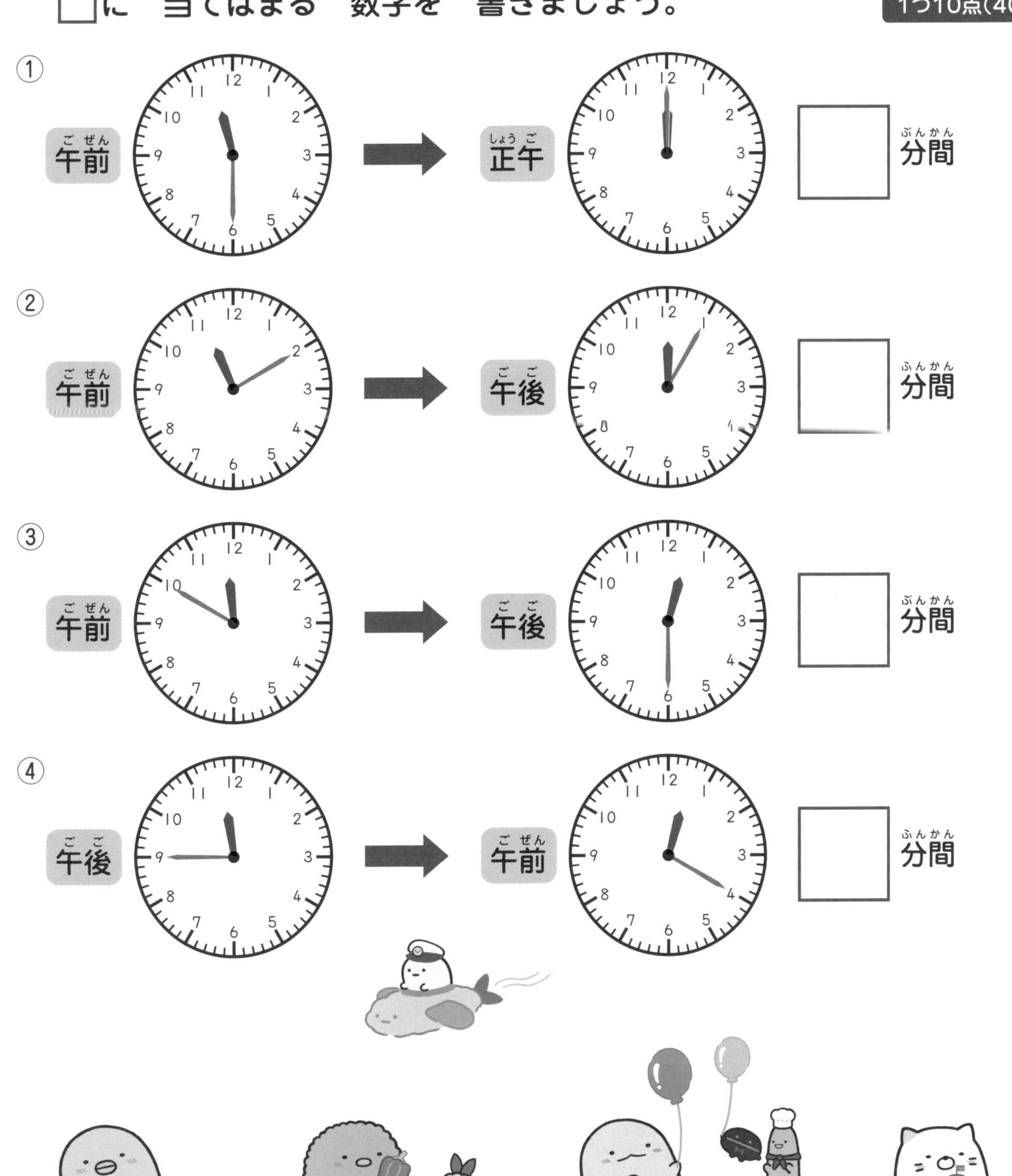

② 左の　時こくから　右の　時こくまでの　時間は　何分間ですか。
□に　当てはまる　数字を　書きましょう。

1つ12点(60点)

① 午前  → 午後  □分間

② 午前  → 午後  □分間

③ 午後  → 午前  □分間

④ 午前  → 正午  □分間

⑤ 午前  → 午後  □分間

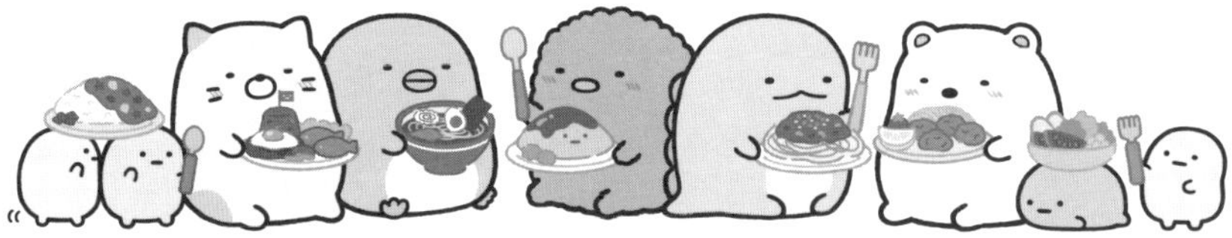

22 何分間③

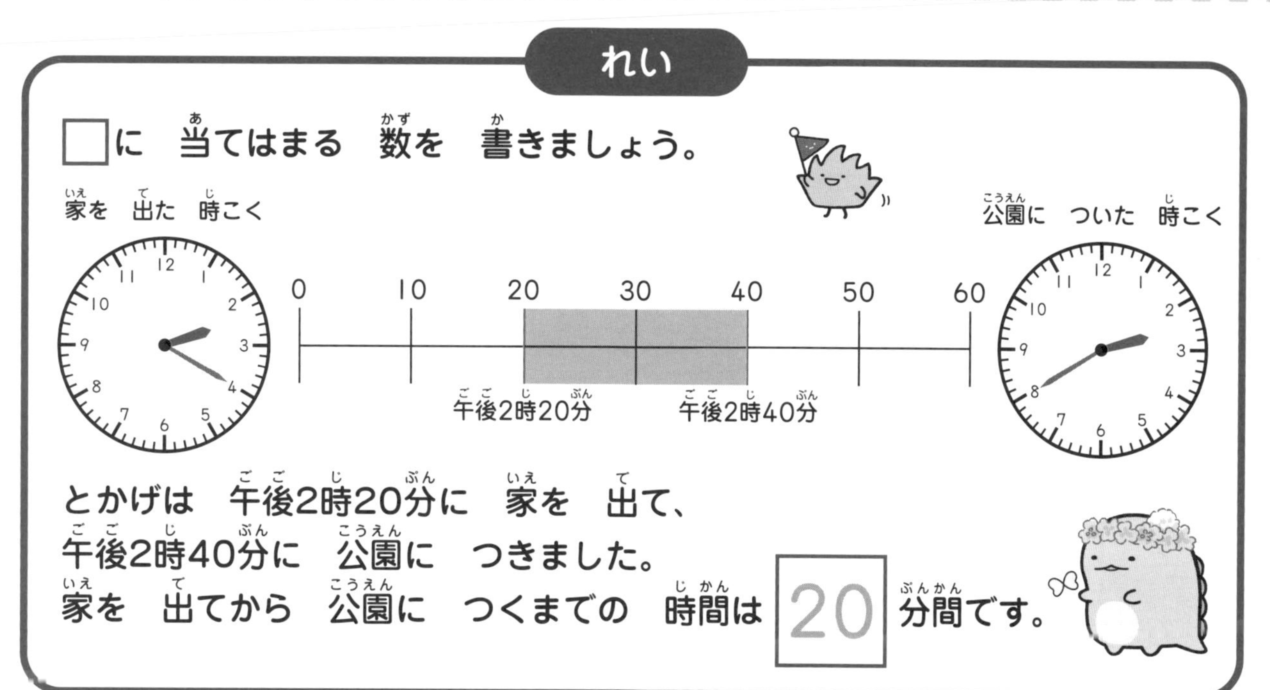

れい

□に 当てはまる 数を 書きましょう。

家を 出た 時こく

公園に ついた 時こく

午後2時20分　午後2時40分

とかげは 午後2時20分に 家を 出て、
午後2時40分に 公園に つきました。
家を 出てから 公園に つくまでの 時間は 20 分間です。

1 もんだい文を 読んで、□に 答えを 書きましょう。 1つ20点(40点)

① ねこは 午前7時30分から 8時まで 朝ごはんを 食べました。
朝ごはんに かかった 時間は 何分間ですか。

□ 分間

② しろくまは 午前10時20分から 午前11時10分まで
お絵かきを しました。お絵かきに かかった
時間は 何分間ですか。

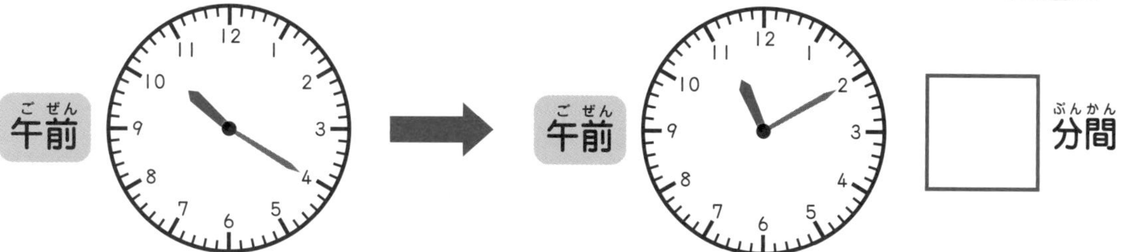

□ 分間

❷ もんだい文(ぶん)を　読(よ)んで、□に　答(こた)えを　書(か)きましょう。　1つ15点(てん)(60点(てん))

① とんかつは　午前(ごぜん)11時(じ)50分(ぷん)から　昼(ひる)の　12時(じ)25分(ふん)まで　お昼(ひる)ごはんを食(た)べました。お昼(ひる)ごはんに　かかった　時間(じかん)は　何分間(なんぷんかん)ですか。

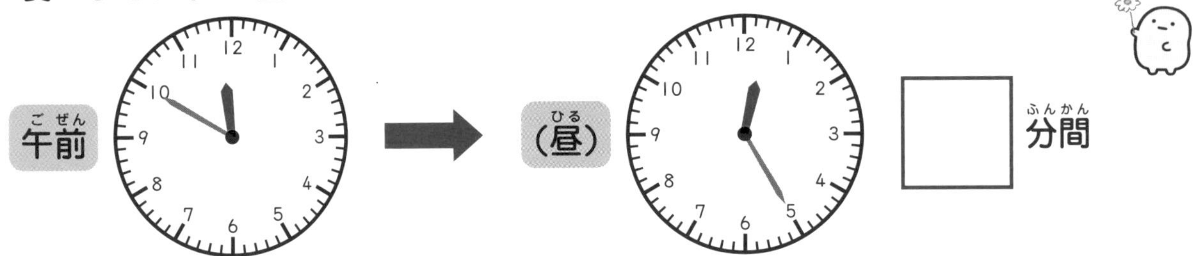

□分間(ふんかん)

② しろくまは　午前(ごぜん)11時(じ)20分(ぷん)から　午後(ごご)まで　本(ほん)を　読(よ)んでいました。本(ほん)を　読(よ)んで　いた　時間(じかん)は　何分間(なんぷんかん)ですか。

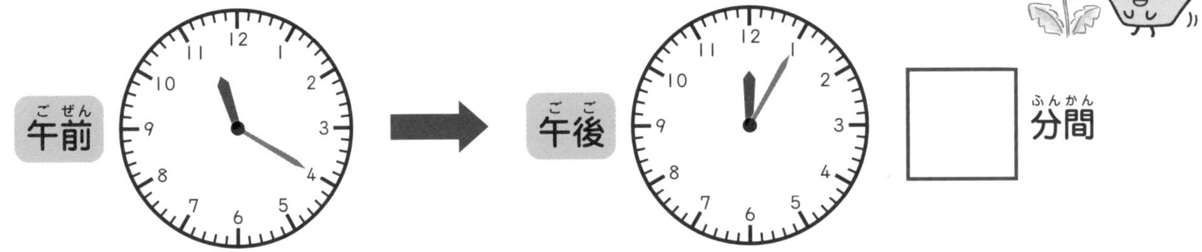

□分間(ふんかん)

③ すみっコ小学校(しょうがっこう)の　4時間目(じかんめ)は　午前(ごぜん)11時(じ)35分(ふん)から　昼(ひる)の　12時(じ)20分(ぷん)までです。4時間目(じかんめ)は　何分間(なんぷんかん)ですか。

□分間(ふんかん)

④ とんかつは　正午(しょうご)から　午後(ごご)1時(じ)まで　おかいものに　出(で)かけました。出(で)かけて　いた　時間(じかん)は　何分間(なんぷんかん)ですか。

□分間(ぷんかん)

ふくしゅう　ドリル④

1 左の　時こくから　右の　時こくまでの　時間は　何時間ですか。
□に　当てはまる　数字を　書きましょう。

1つ10点(20点)

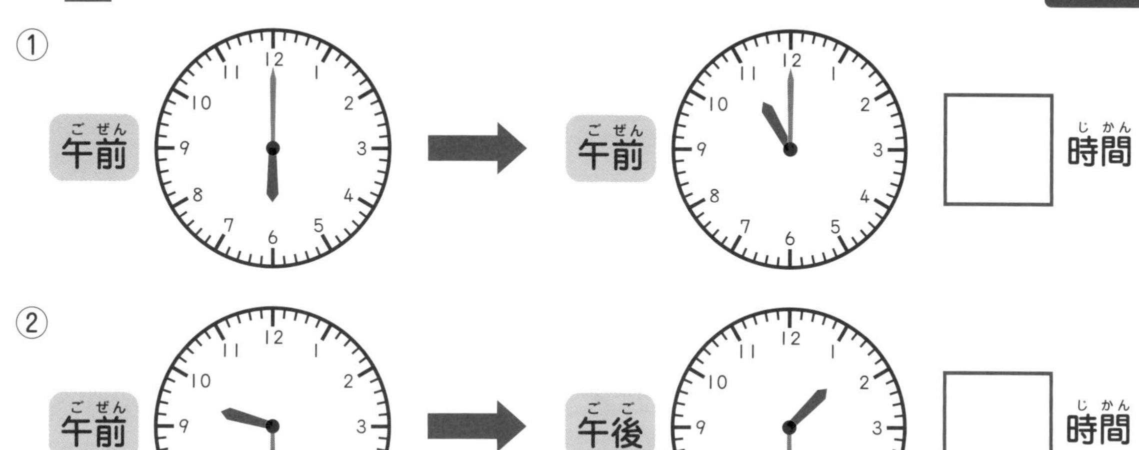

2 左の　時こくから　右の　時こくまでの　時間は　何分間ですか。
□に　当てはまる　数字を　書きましょう。

1つ10点(20点)

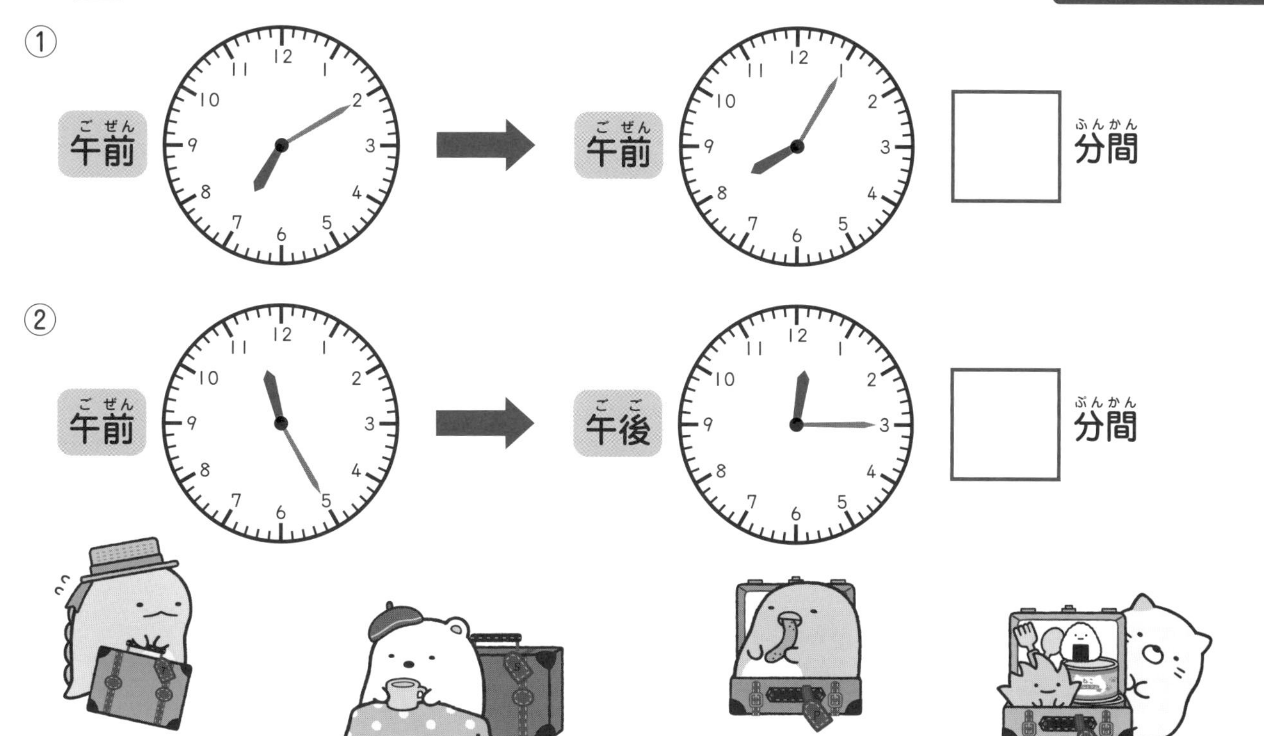

❸ 左の　時こくから　右の　時こくまでの　時間は　何時間ですか。
□に　当てはまる　数字を　書きましょう。 10点

午前 5時45分 → 午後 2時45分　□時間

❹ 左の　時こくから　右の　時こくまでの　時間は　何分間ですか。 10点

午後 11時55分 → 午前 1時　□分間

❺ もんだい文を　読んで、□に　答えを　書きましょう。 1つ10点(40点)

① しろくまは　午前11時から　午後2時まで　カフェで　お茶を
のんで　いました。カフェに　いた　時間は　何時間ですか。

□時間

② ねこは　午前9時30分から　午後4時30分まで　お出かけ　して　いました。
お出かけ　して　いた　時間は　何時間ですか。

□時間

③ ぺんぎん？は　8時15分から　9時まで　朝ごはんを　食べて　いました。
朝ごはんに　かかった　時間は　何分間ですか。

□分間

④ とかげは　午前11時25分から　正午まで　お昼ごはんを
食べていました。お昼ごはんに　かかった　時間は　何分間ですか。

□分間

何時間前と　何時間後①

何時間前と　何時間後

何時間前の　時こくは　みじかい　はりが　何めもり　もどったかを　見ます。何時間後の　時こくは　みじかい　はりが　何めもり　すすんだかを　見ます。

9時の　1時間前は　8時です。

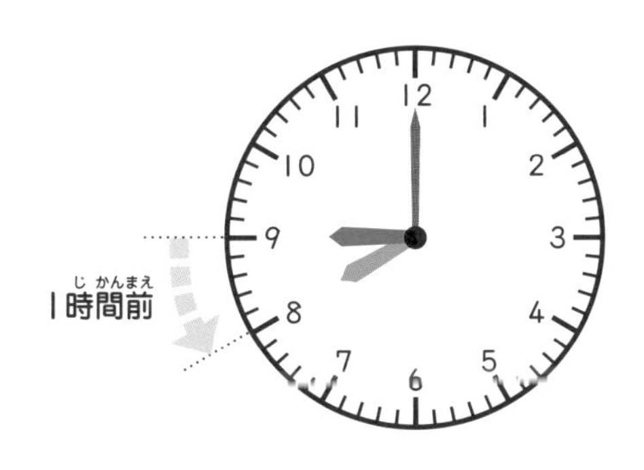

9時の　1時間後は　10時です。

1 時計の　時こくを　見て、□に　当てはまる　数字を　書きましょう。　1つ10点(40点)

① 2時間前は □ 時

② 2時間後は □ 時

③ 4時間前は □ 時半

④ 4時間後は □ 時半

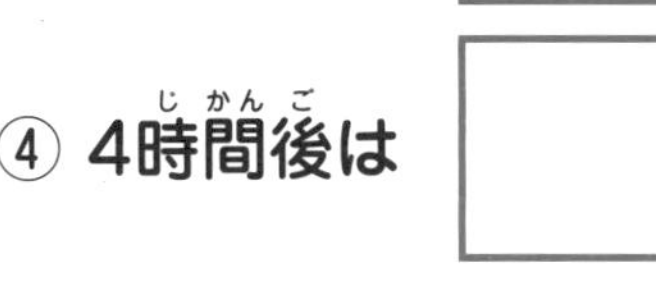

❷ 左の　時こくを　見て、□に　当てはまる数字を　書きましょう。

1つ10点(40点)

11時

① 1時間前は □ 時

② 1時間後は □ 時

5時半

③ 3時間前は □ 時半

④ 3時間後は □ 時半

❸ 左の　時計カードが　しめして　いる　時こくを線で　むすびましょう。

ぜんぶできて20点

の　2時間前 ●　　　● 1時半

の　3時間後 ●　　　● 8時

の　5時間前 ●　　　● 2時半

25 何時間前と　何時間後②

月　日

点

できたね シール

1 時計の　時こくを　見て、□に　答えを　書きましょう。午前か　午後かも　答えましょう。

1つ5点(40点)

午前

① 2時間前は

時

② 2時間後は □ 時

午後

③ 3時間前は □ 時

④ 3時間後は □ 時

午前

⑤ 4時間前は □ 時

⑥ 4時間後は □ 時

午後

⑦ 3時間前は □ 時半

⑧ 3時間後は □ 時半

❷ 左の　時こくを　見て、□に　答えを　書きましょう。午前か　午後かも　答えましょう。

1つ5点(30点)

午後　11時

① 2時間前は □ 時

② 2時間後は □ 時

午前　9時

③ 4時間前は □ 時

④ 4時間後は □ 時

午後　3時半

⑤ 5時間前は □ 時半

⑥ 5時間後は □ 時半

❸ [　　] の　中の　時こくに　なるのは　どちらの　時計ですか。(　　) に　○を　つけましょう。

1つ15点(30点)

① [1時間後は9時]

(　　)　(　　)

② [2時間前は3時]

(　　)　(　　)

26 何時間前と　何時間後③

1 もんだい文を　読んで、□に　当てはまる　数字を　書きましょう。

1つ10点(40点)

① 今の　時こくは　8時です。ねこは　1時間前に　おきました。
ねこが　おきたのは　何時ですか。

時

② しろくまは　2時間　本を　読んで、今　3時に　なりました。
しろくまは　何時から　本を　読んで　いましたか。

時

③ 今の　時こくは　9時です。とんかつと　えびふらいのしっぽは
2時間後に　公園で　待ち合わせを　する　ことに　しました。
待ち合わせの　時間は　何時ですか。

時

④ ぺんぎん?は　2時から　お出かけを　して　2時間　たちました。
何時に　なりましたか。

時

2 下の　図を　見て、もんだいに　答えましょう。

1つ12点(60点)

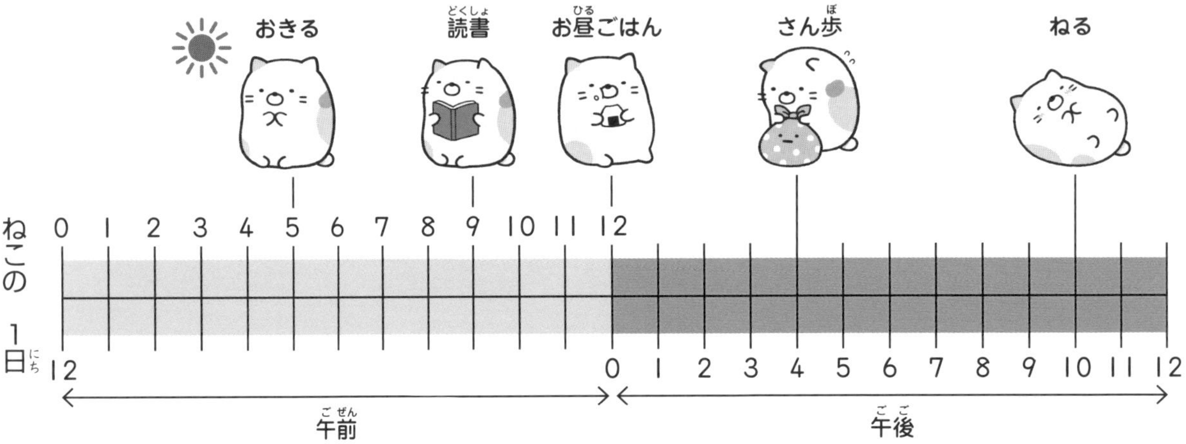

① 今の　時こくは　午前3時です。
ねこが　おきるのは　何時間後ですか。

□時間後

② ねこが　読書を　した　時こくの　6時間後は
何時ですか。午前か　午後かも　答えましょう。

□時

③ 今の　時こくは　午前11時です。
5時間後　ねこは　何を　しますか。

□

④ 今の　時こくは　午後2時30分です。
2時間30分前　ねこは　何を　はじめましたか。

□

⑤ ねこが　ねた　時こくの　12時間前は　何時ですか。
午前か　午後かも　答えましょう。

□時

27 何分前と　何分後①

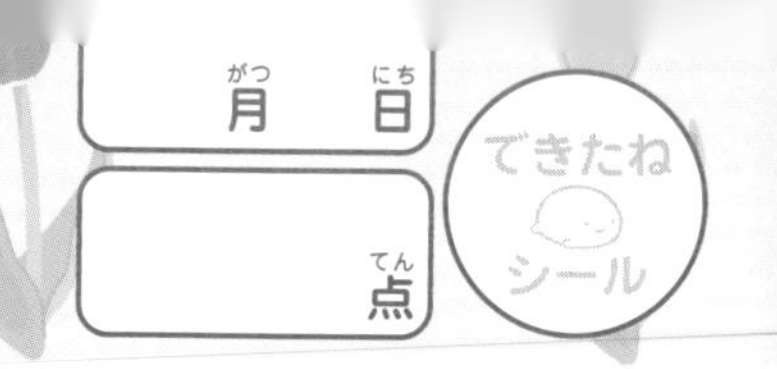

何分前と　何分後

何分前の　時こくは　長い　はりが　何めもり　もどったかを　見ます。
何分後の　時こくは　長い　はりが　何めもり　すすんだかを　見ます。

9時の　10分前は　8時50分です。　9時の　10分後は　9時10分です。

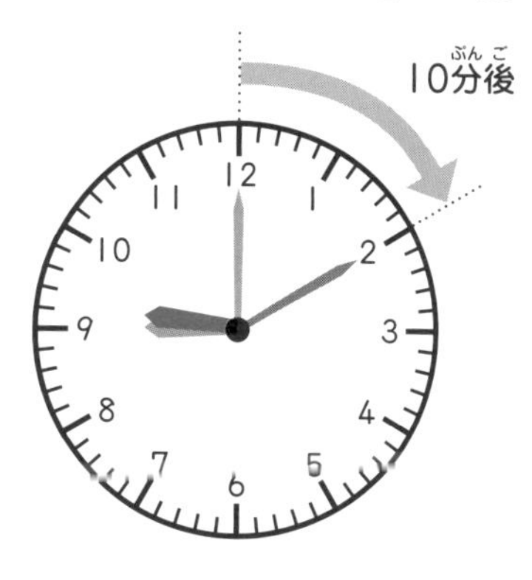

1 時計の　時こくを　見て、□に　当てはまる　数字を　書きましょう。

1つ10点(40点)

① 10分前は  時　　分

② 10分後は  時　　分

③ 20分前は  時　　分

④ 20分後は  時　　分

2 左(ひだり)の　時(じ)こくを　見(み)て、□に　当(あ)てはまる答(こた)えを　書(か)きましょう。　1つ10点(てん)(40点(てん))

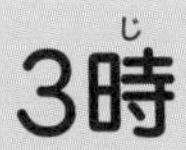

3時(じ)

① 10分前(ぶんまえ)は  □時(じ)□分(ぶん)

② 10分後(ぶんご)は  □時(じ)□分(ぶん)

9時半(じはん)

③ 40分前(ぶんまえ)は  □時(じ)□分(ぶん)

④ 40分後(ぶんご)は □時(じ)□分(ぶん)

3 左(ひだり)の　時計(とけい)カードが　しめして　いる　時(じ)こくを線(せん)で　むすびましょう。　ぜんぶできて20点(てん)

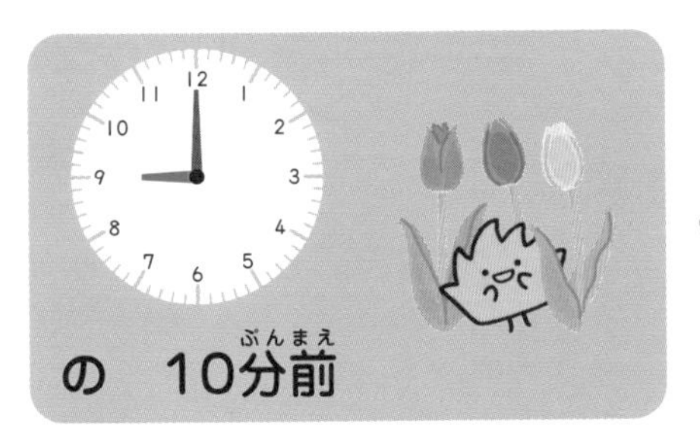
の　10分前(ぶんまえ)　●　　　●　2時(じ)10分(ぶん)

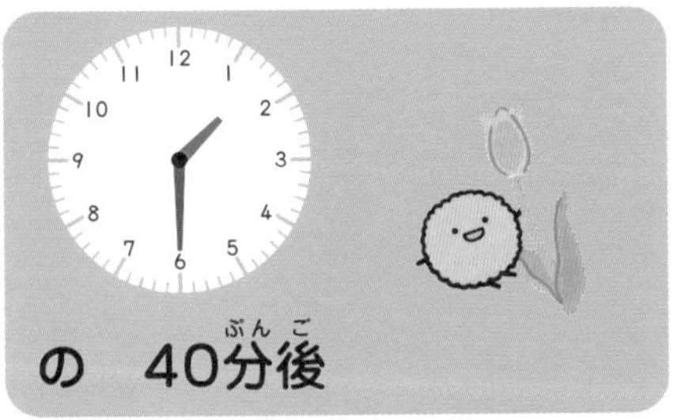
の　40分後(ぶんご)　●　　　●　2時(じ)20分(ぶん)

の　50分前(ぶんまえ)　●　　　●　8時(じ)50分(ぶん)

何分前と　何分後②

1 左の　時計の　時こくを　見て、[　　] の　時こくに　なるように
長い　はりと　みじかいはりを　かきましょう。
午前か　午後かも　答えましょう。

1つ10点(40点)

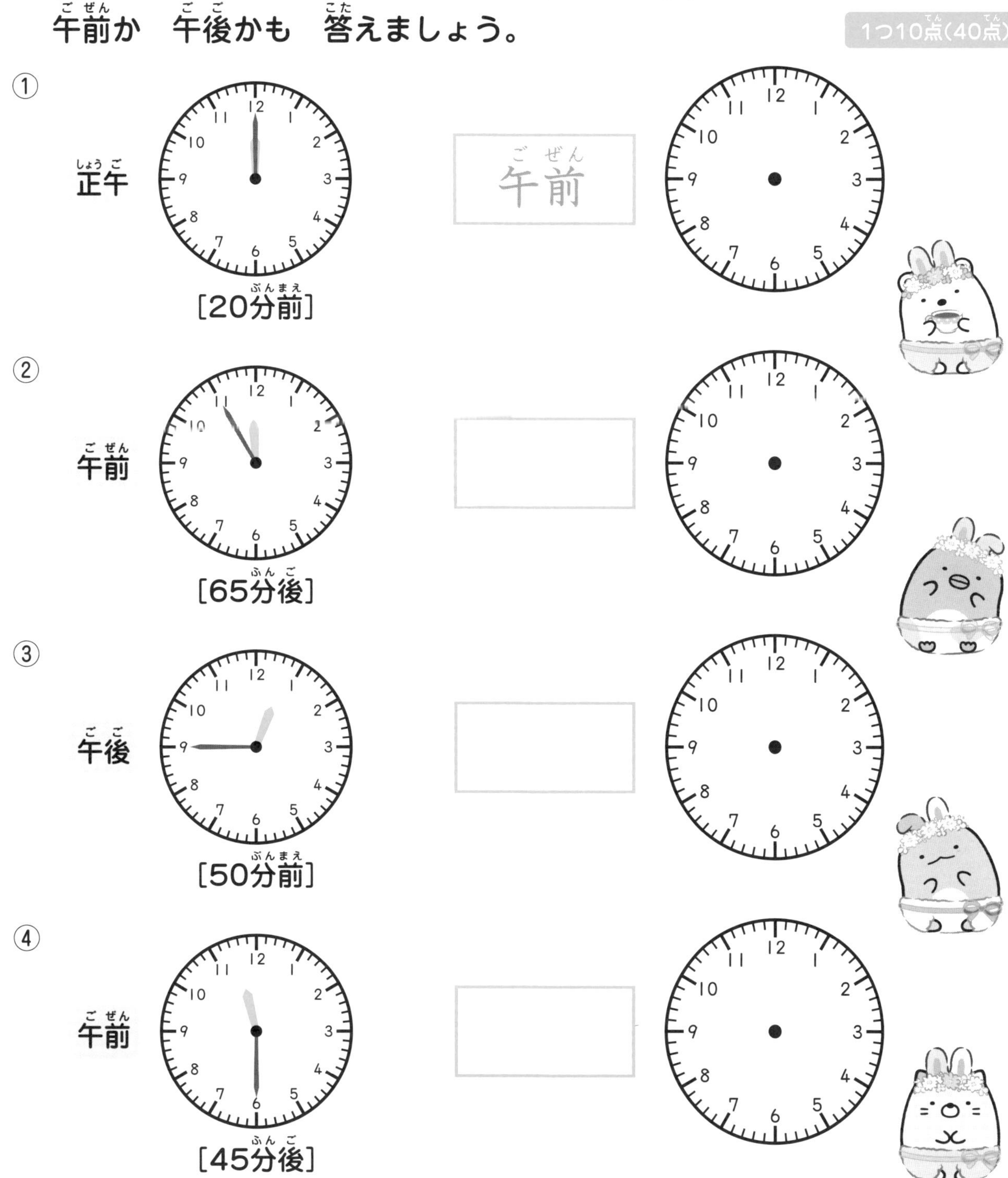

② 左の　時こくを　見て、□に　答えを　書きましょう。
午前か　午後かも　答えましょう。

1つ10点(40点)

午後　11時50分

午前　11時30分

① 70分前は [　　　　] 時 [　　] 分

② 70分後は [　　　　] 時

③ 90分前は [　　　　] 時

④ 90分後は [　　　　] 時

③ 左の　カードが　しめして　いる　時こくの　時計を
線で　むすびましょう。

ぜんぶ　できて20点

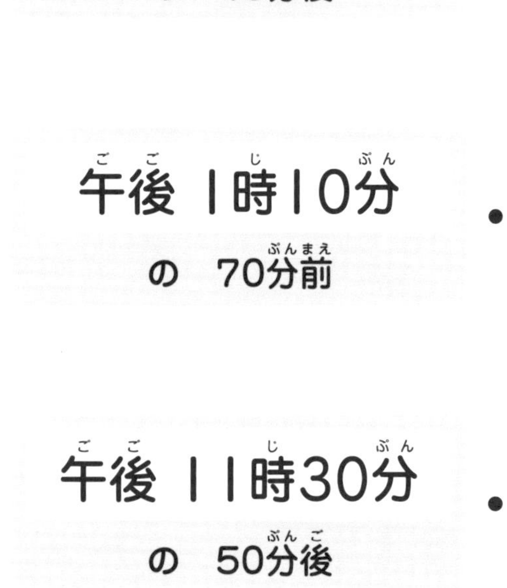

午前 11時50分
の　40分後

午後 1時10分
の　70分前

午後 11時30分
の　50分後

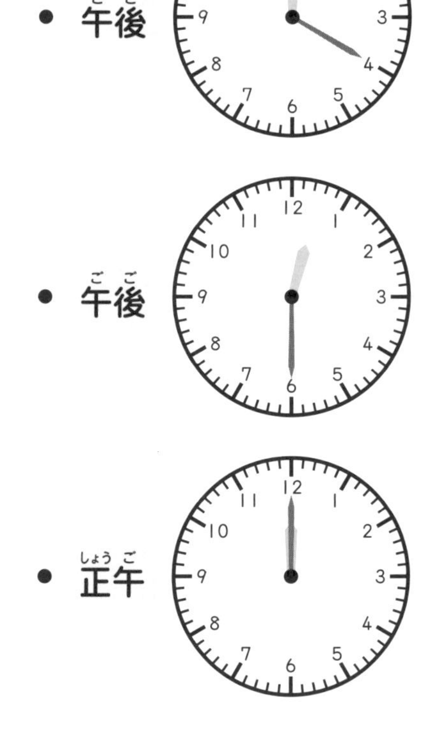

何分前と　何分後③

1 もんだい文を　読んで、□に　当てはまる　数字を　書きましょう。

1つ10点(40点)

① 今の　時こくは　6時です。ぺんぎん？は　10分前に　おきました。
ぺんぎん？が　おきた　時間は　何時何分ですか。

□時□分

② 今の　時こくは　10時20分です。ぺんぎん？は　30分前に　家を　出て
公園に　行きました。ぺんぎん？が　家を　出た　時間は　何時何分ですか。

□時□分

③ ねこは　7時30分から　45分かけて　朝ごはんを　食べました。
ねこが　朝ごはんを　食べ終わった　時間は　何時何分ですか。

□時□分

④ しろくまは　11時に　公園に　行く　やくそくを　して　います。
しろくまの　家から　公園までは　20分　かかります。しろくまは
何時何分に　家を　出れば　やくそくに　間に合いますか。

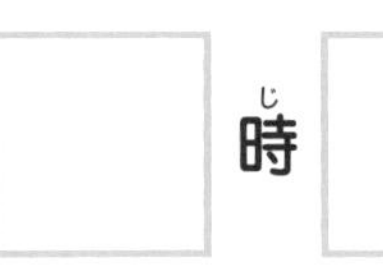

□時□分

2 もんだい文を　読んで、□に　答えを　書きましょう。
午前か　午後かも　答えましょう。

1つ15点(60点)

① 今の　時こくは　午前11時20分です。ねこは　30分後に　お昼ごはんを　食べようと　思って　います。ねこが　お昼ごはんを　食べるのは　何時何分ですか。

□時□分

② 今の　時こくは　昼の　12時15分です。とかげは　20分前に　帰って　きました。とかげが　帰って　きたのは　何時何分ですか。

□時□分

③ しろくまは　正午から　お昼ごはんを　作りはじめて、60分後に　できあがりました。お昼ごはんが　できあがったのは　何時ですか。

□時

④ とんかつは　昼の　12時15分に　えびふらいのしっぽと　公園で　まち合わせを　して　います。とんかつの　家から　公園までは　25分　かかります。とんかつは　何時何分に　家を　出れば　まち合わせに　間に合いますか。

□時□分

30 ふくしゅう ドリル⑤

1 時計の 時こくを 見て、□に 当てはまる 数字を 書きましょう。

1つ5点(20点)

① 1時間前は □時

② 1時間後は □時

③ 20分前は □時□分

④ 20分後は □時□分

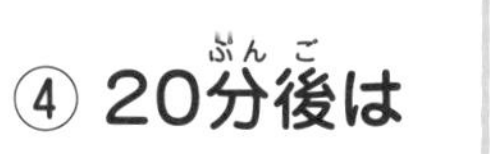

2 時計の 時こくを 見て、□に 答えを 書きましょう。 午前か 午後かも 答えましょう。

1つ5点(20点)

① 2時間前は 午前 □時

② 2時間後は □時

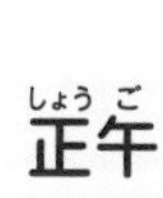

③ 60分前は □時

④ 60分後は □時

3 左の　時こくを　見て、□に　答えを　書きましょう。
午前か　午後かも　答えましょう。

1つ5点(20点)

午後　3時

① 4時間前は □時

② 4時間後は □時

午前　11時55分

③ 65分前は □時□分

④ 65分後は □時

4 もんだい文を　読んで、□に　答えを　書きましょう。
午前か　午後かも　答えましょう。

ぜんぶできて40点

① 夜中の　12時50分から　40分間　雨が　ふりました。
雨が　やんだのは　何時何分ですか。

□時□分

② ぺんぎん？は　午後9時30分から　9時間　ねました。
ぺんぎん？が　おきたのは　何時何分ですか。

□時□分

③ しろくまが　本を　読んで　いたら　2時間20分　たって　いました。
今の　時こくは　午後1時50分です。しろくまは　何時何分から
本を　読んで　いましたか。

□時□分

まとめの　テスト①

1　□に　当てはまる　数字を　書いて　時計を　かんせいさせましょう。　ぜんぶできて15点

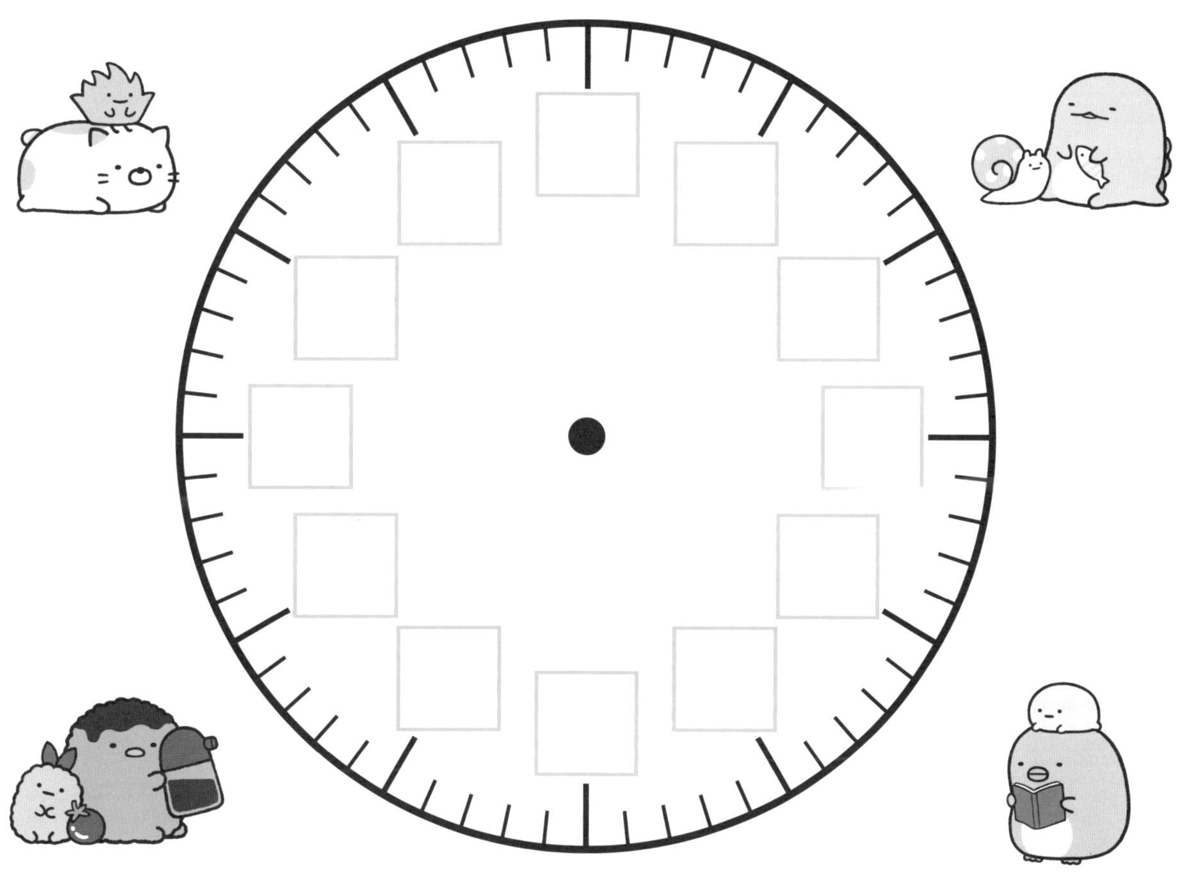

2　何時ですか。□に　当てはまる　数字を　書きましょう。　1つ5点(15点)

3 下の　時計を　見て　もんだいに　答えましょう。

1つ5点(10点)

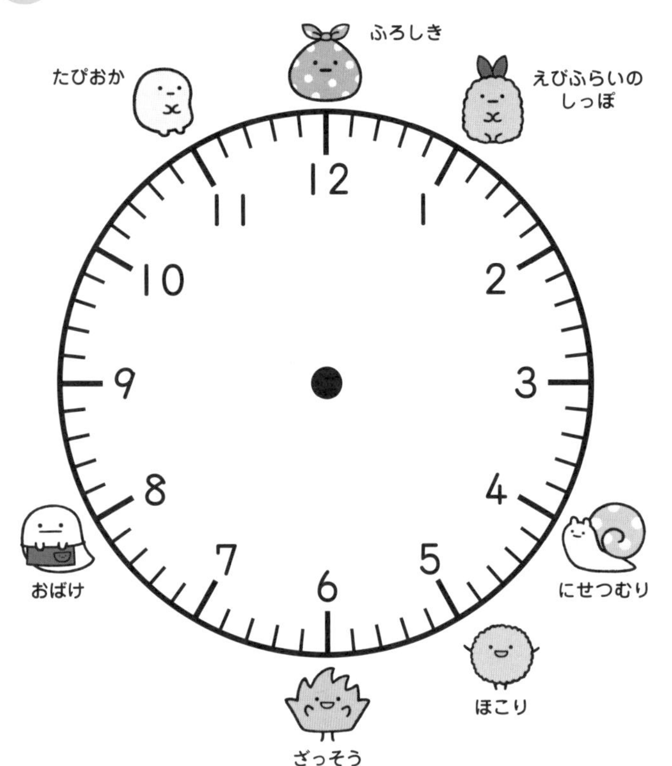

① 11時の　とき、みじかい　はりが　しめす　ところに　いる　みにっコは　だれですか。

（　　　　　）

② 1時30分の　とき、長い　はりが　しめす　ところに　いる　みにっコは　だれですか。

（　　　　　）

4 [　　] の　中の　時間に　合わせて　長い　はりと　みじかい　はりを　かきましょう。

1つ10点(60点)

① [6時]　② [8時]　③ [10時]

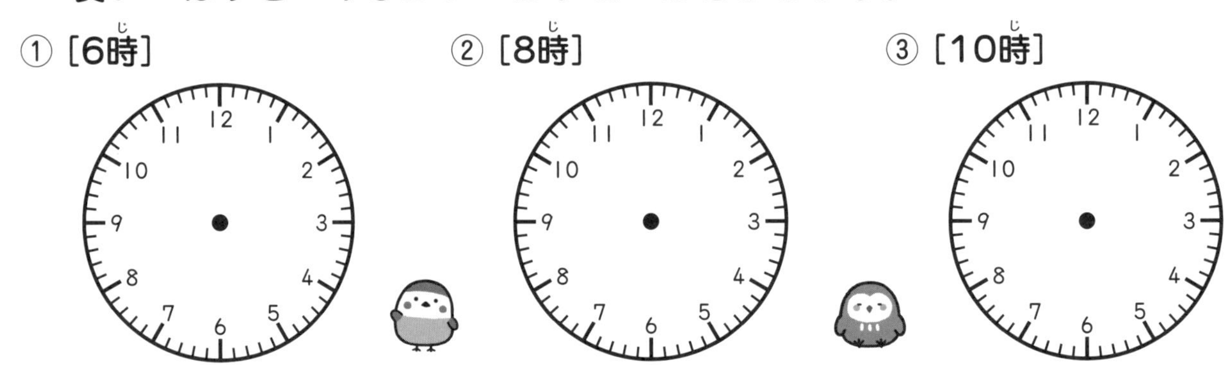

④ [2時]　⑤ [3時]　⑥ [4時]

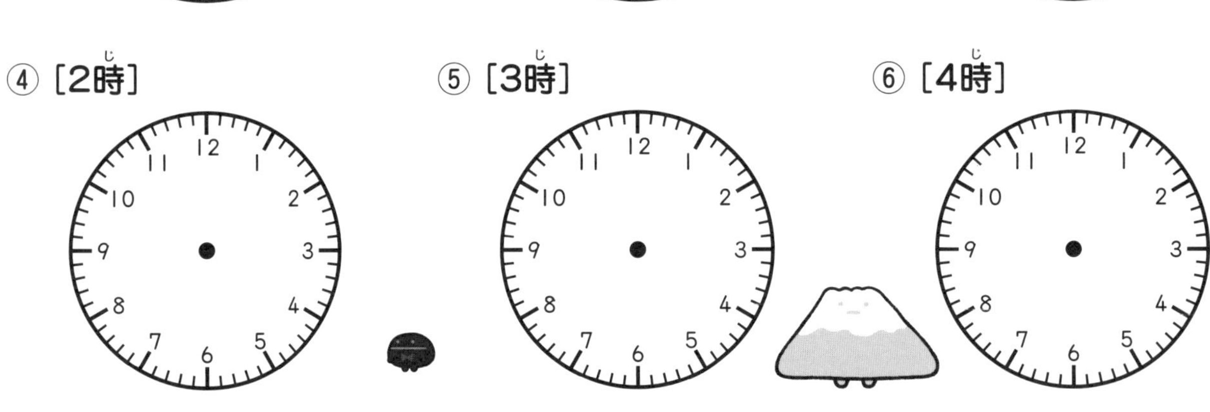

まとめの　テスト②

1 時計の　長い　はりが　[　　]の　中の　時間を　しめして いるのは、どちらですか。正しい　ほうの　（　　）に ○を　つけましょう。

1つ6点(24点)

① [10分]　　② [30分]

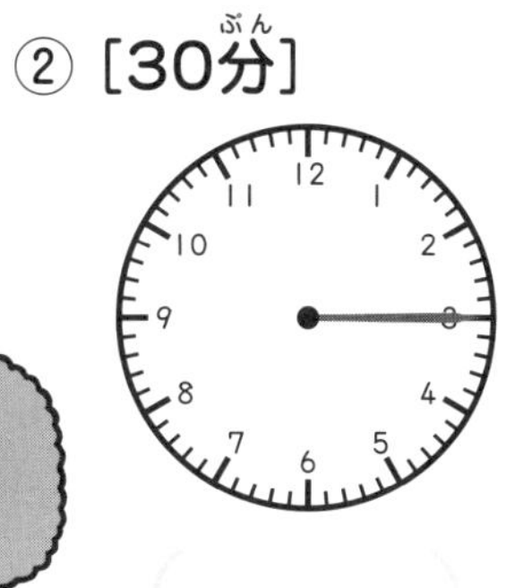

（　　）（　　）　（　　）（　　）

③ [45分]　　④ [35分]

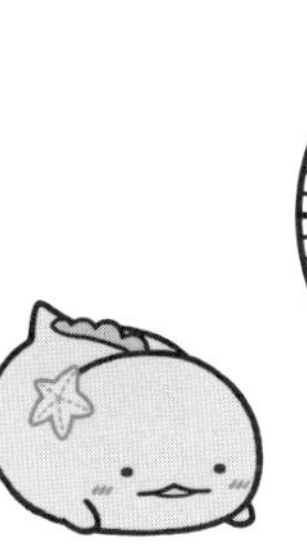
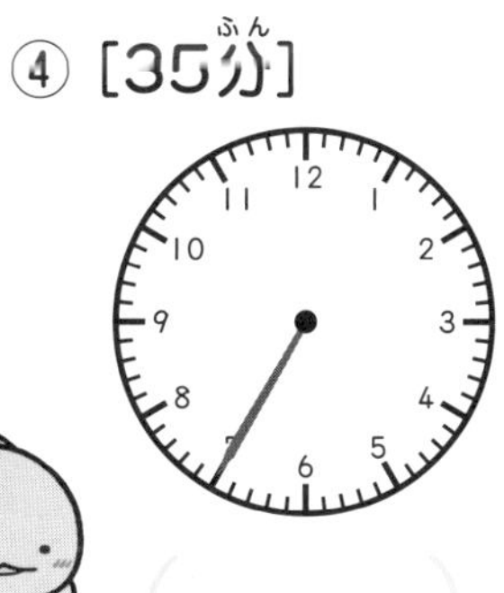

（　　）（　　）　（　　）（　　）

2 何時何分ですか。
□に　当てはまる　数字を　書きましょう。

1つ6点(18点)

①

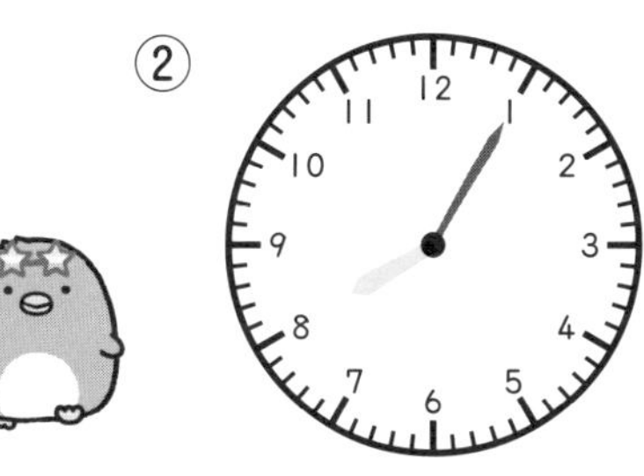

②

③

□時□分　□時□分　□時□分

3 [　　] の 中の 時間に なるように 長い はりと みじかい はりを かきましょう。

1つ6点(36点)

① [2時20分]

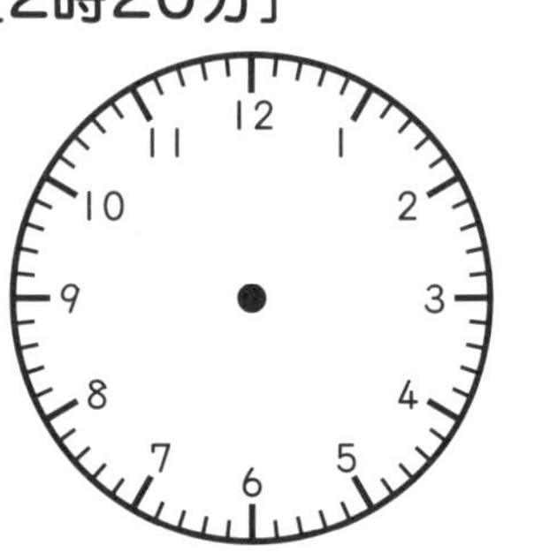

② [4時10分]

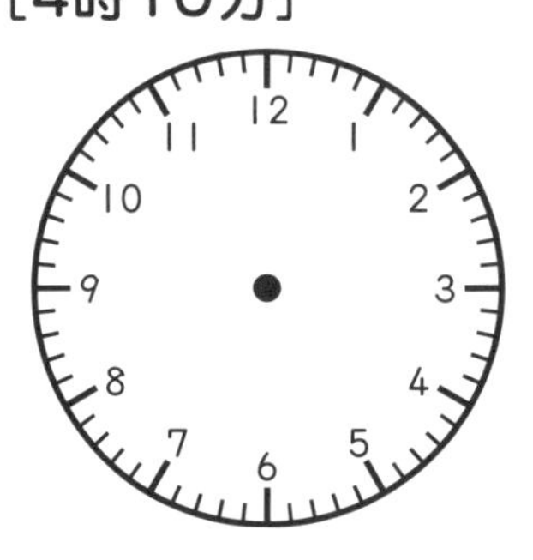

③ [10時40分]

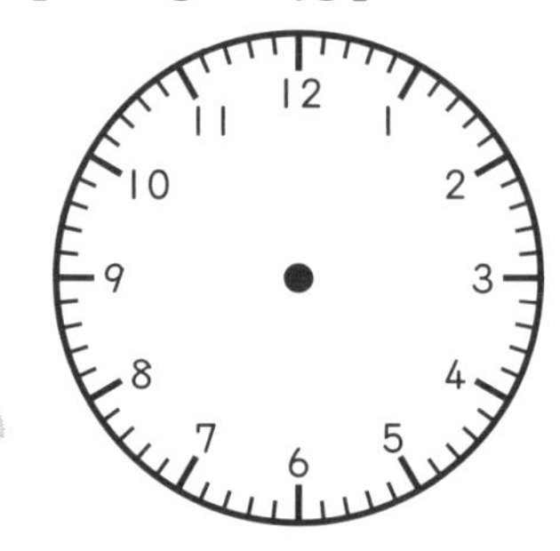

④ [9時45分]

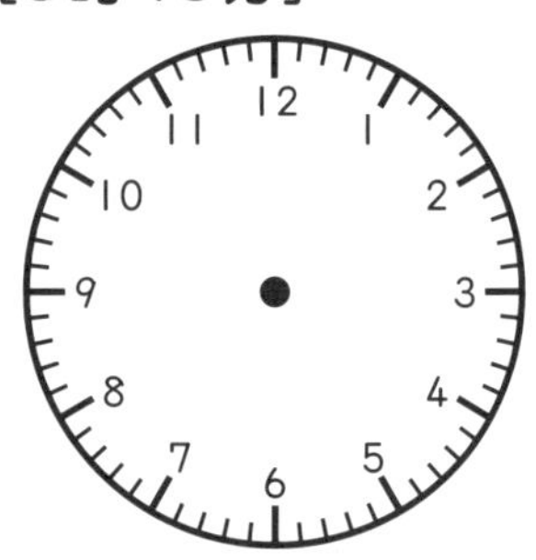

⑤ [6時18分]

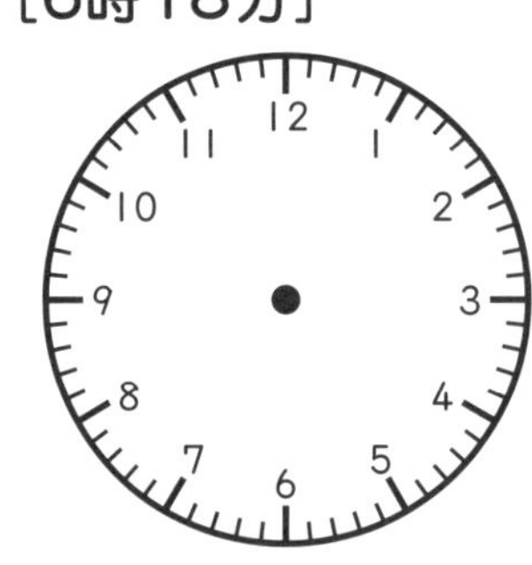

⑥ [7時41分]

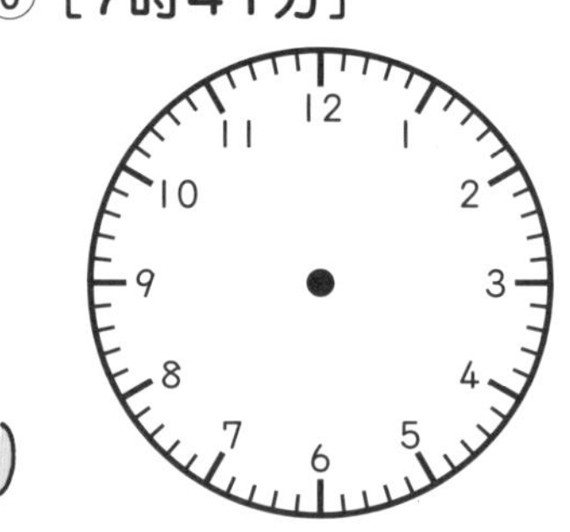

3 左の 時計と 同じ 時こくを しめして いる デジタル時計を 線で むすびましょう。

ぜんぶできて22点

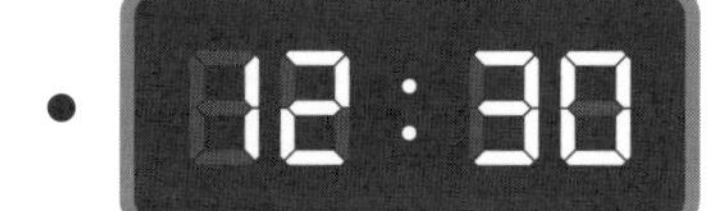

33 まとめの　テスト③

1 下の　絵を　見て　答えましょう。
午前か　午後かも　答えましょう。　1つ10点(40点)

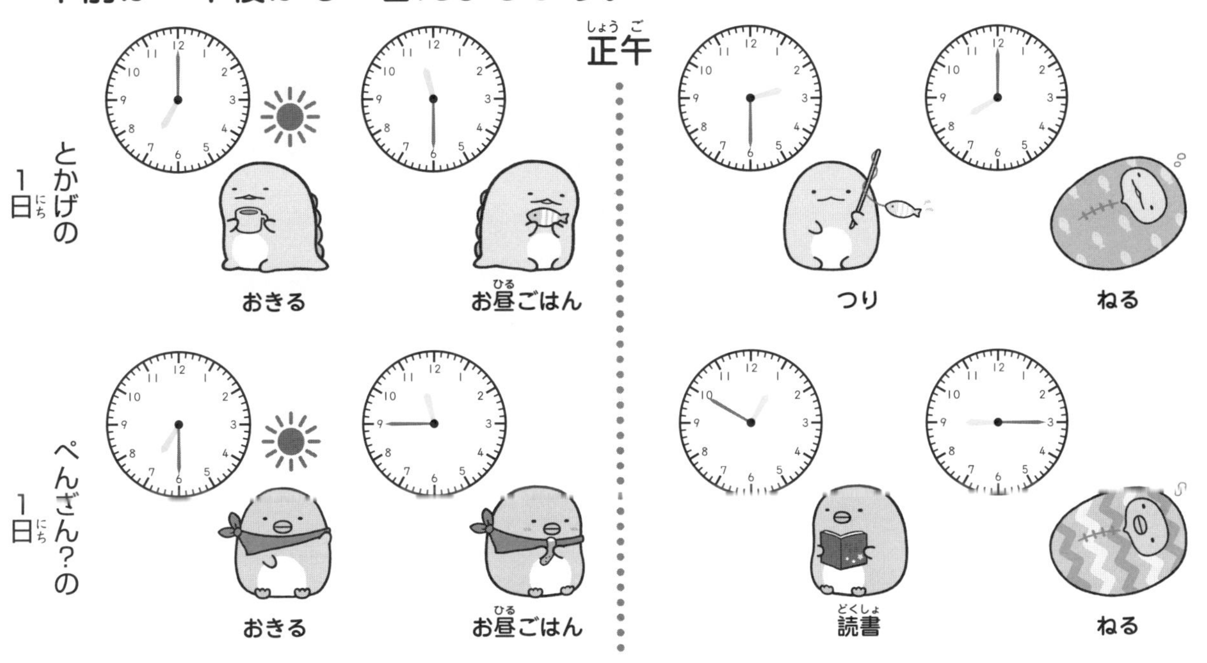

① とかげが　おきる　時こくは　何時ですか。　　　　時

② とかげが　お昼ごはんを　食べた
時こくは　何時何分ですか。　　　　時　　　　分

③ とかげが　つりを　した　時こくは
何時何分ですか。　　　　時　　　　分

④ ぺんぎん？が　お昼ごはんを　食べた
時こくは　何時何分ですか。

2 □に 当てはまる 数字を 書きましょう。

1つ5点(30点)

① 1時間 ＝ □ 分　　② 2時間 ＝ □ 分

③ 1時間10分 ＝ □ 分　　④ 1時間半 ＝ □ 分

※1時間半は　1時間30分と　同じです。

⑤ 80分 ＝ □ 時間 □ 分

⑥ 130分 ＝ □ 時間 □ 分

3 もんだい文を　読んで、□に　当てはまる　答えを　書きましょう。

1つ15点(30点)

① ねこは　110分、ぺんぎん？は　1時間40分、公園で　あそんで　いました。どちらが　何分　長く　公園で　あそんで　いましたか。

答え □ が □ 分　長く　公園で　あそんで　いた。

② しろくまは　1時間半、とんかつは　100分　お昼ねを　して　いました。どちらが　何分　長く　お昼ねを　して　いましたか。

答え □ が □ 分　長く　お昼ねを　して　いた。

まとめの　テスト④

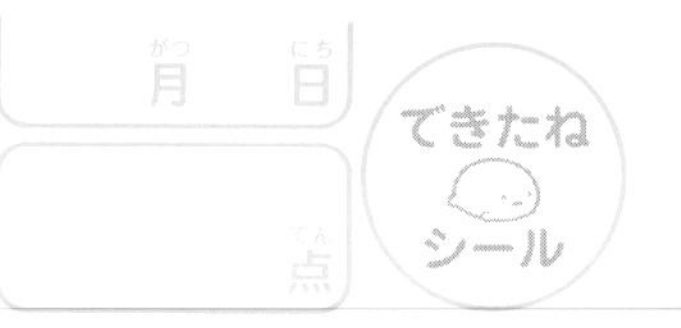

1 左の　時こくから　右の　時こくまでの　時間は　何時間ですか。□に　当てはまる　数字を　書きましょう。 1つ8点(24点)

①

午前 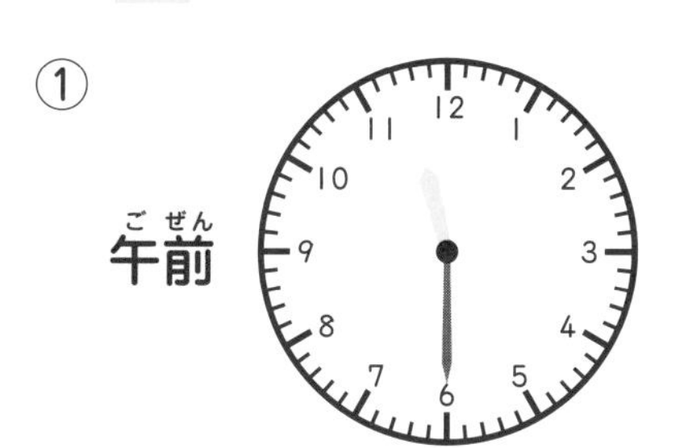 → 午後 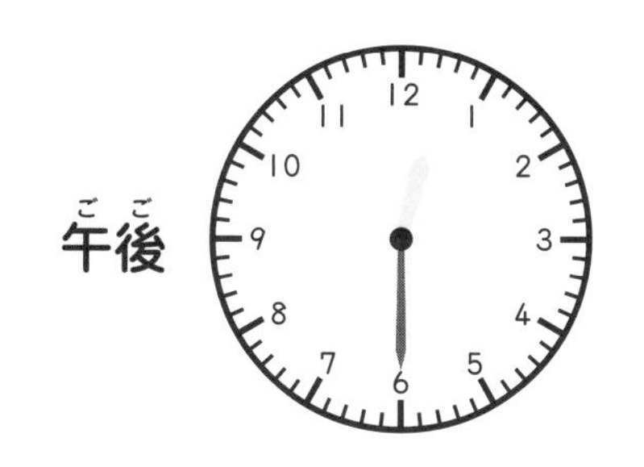 □時間

②

午前　11時15分 → 午後　1時15分　□時間

③

午前　10:30 → 午後　3:30　□時間

2 もんだい文を　読んで、□に　答えを　書きましょう。 1つ8点(16点)

① ねこは　午前11時から　午後3時まで　おでかけを　して　いました。ねこは　何時間　おでかけを　して　いましたか。

午前  → 午後 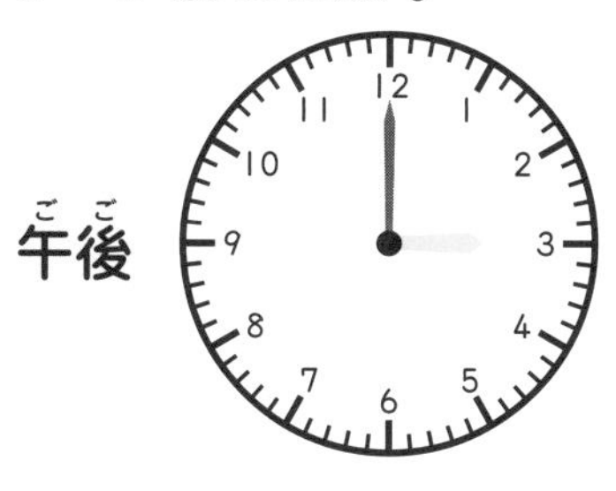 □時間

② すみっコたちは　午前11時30分から　午後1時30分まで　電車に　のりました。すみっコたちは　何時間　電車に　のりましたか。

□時間

3 左の　時こくから　右の　時こくまでの　時間は　何分間ですか。
□に　当てはまる　数字を　書きましょう。　1つ10点(30点)

① 午前　12 1 2 3 4 5 6 7 8 9 10 11 → 午後　12 1 2 3 4 5 6 7 8 9 10 11　□分間

② 午後　3時10分 → 午後　3時55分　□分間

③ 午前　7時45分 → 午前　8時20分　□分間

4 もんだい文を　読んで、□に　答えを　書きましょう。　1つ10点(30点)

① とかげは　正午から　午後1時まで　お昼ごはんを
食べました。お昼ごはんに　かかった　時間は　何分間ですか。

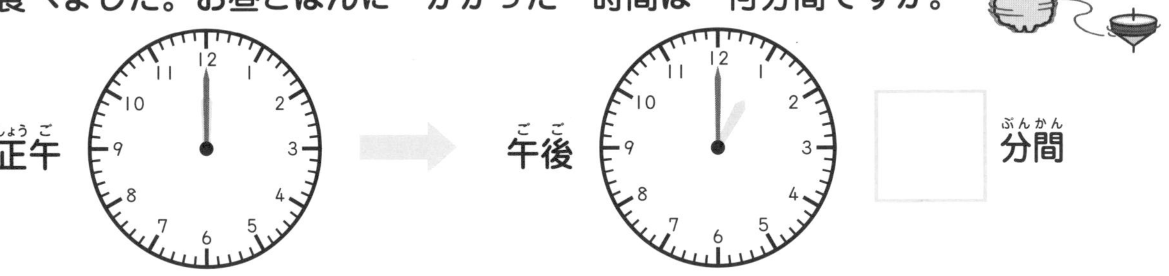

正午 → 午後　□分間

② とんかつは　午前8時10分から　午前8時55分まで　バスに　のりました。
とんかつが　バスに　のって　いた　時間は　何分間ですか。

□分間

③ しろくまは　午前11時30分から　正午まで　お昼ごはんの　じゅんびを
しました。じゅんびに　かかった　時間は　何分間ですか。

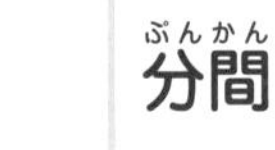

□分間

35 まとめの　テスト⑤

1 右の　時こくを　見て、□に　答えを　書きましょう。
午前か　午後かも　答えましょう。

1つ5点(50点)

正午

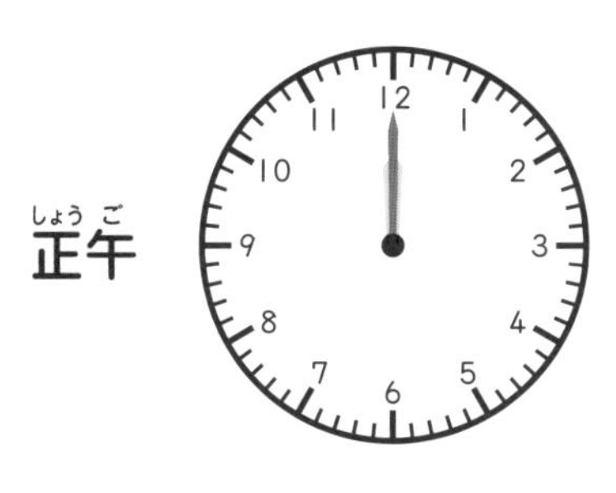

① 2時間前は　午前　時
② 2時間後は　　時

午前　10時

③ 4時間前は　　時
④ 4時間後は　　時

午前　11時50分

⑤ 3時間前は　　時　　分
⑥ 3時間後は　　時　　分

午後

⑦ 70分前は　　時　　分
⑧ 70分後は　　時　　分

(昼の)

⑨ 60分前は　　時　　分
⑩ 60分後は　　時　　分

2 もんだい文(ぶん)を　読(よ)んで、□に　当(あ)てはまる　数字(すうじ)を　書(か)きましょう。

1つ10点(てん)(20点(てん))

① 今(いま)の　時(じ)こくは　10時(じ)です。ねこと　しろくまは
1時間後(じかんご)に　公園(こうえん)で　待(ま)ち合(あ)わせを　する　ことに　しました。
待(ま)ち合(あ)わせの　時間(じかん)は　何時(なんじ)ですか。

□時(じ)

② ぺんぎん？は　7時(じ)15分(ふん)から　50分(ぷん)かけて　朝(あさ)ごはんを　食(た)べました。
ぺんぎん？が　朝(あさ)ごはんを　食(た)べ　終(お)わったのは　何時何分(なんじなんぷん)ですか。

□時(じ)□分(ふん)

3 左(ひだり)の　カードが　しめして　いる　時(じ)こくの　時計(とけい)を　線(せん)で　むすびましょう。

ぜんぶできて30点(てん)

午前(ごぜん) 11時(じ)30分(ぷん)
の　40分後(ぷんご)　・

・午後(ごご)

午後(ごご) 1時(じ)10分(ぷん)
の　90分前(ぷんまえ)　・

・午前(ごぜん)

午後(ごご) 11時(じ)50分(ぷん)
の　30分後(ぷんご)　・

・午後(ごご)

12
1
2
3
4
5
6
7
8
9
10
11

答え合わせ

1 時計の　数字①

3・4ページ

❶

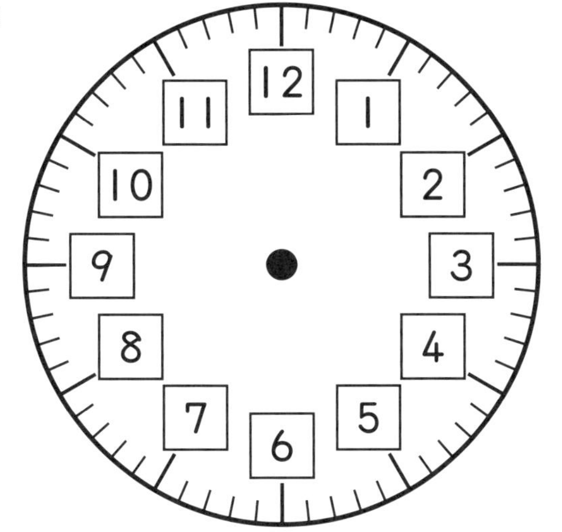

❷ ①

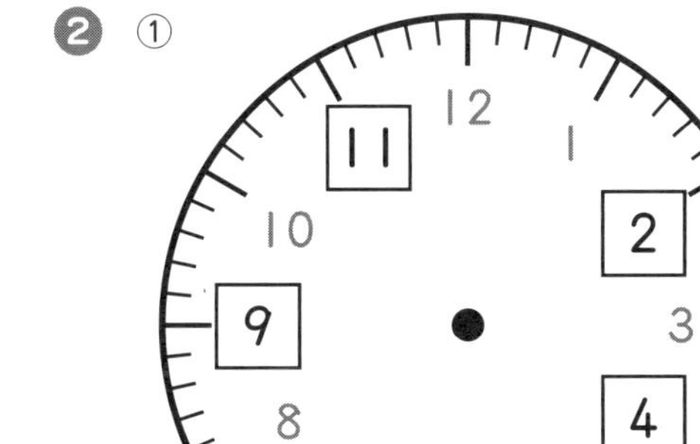

②

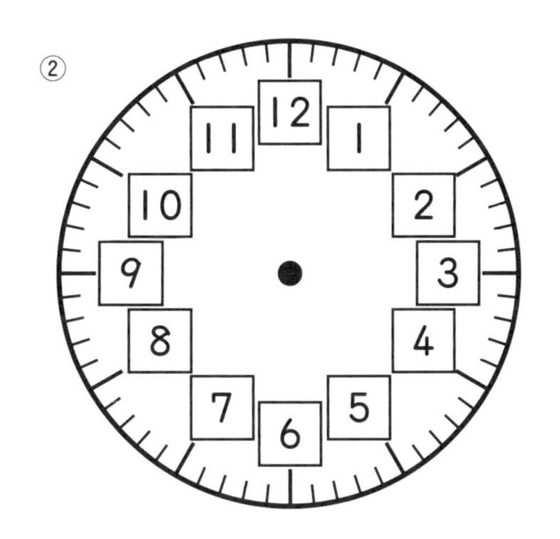

2 時計の　数字②

5・6ページ

❶ ①3　②8　③10　④1　⑤12

❷

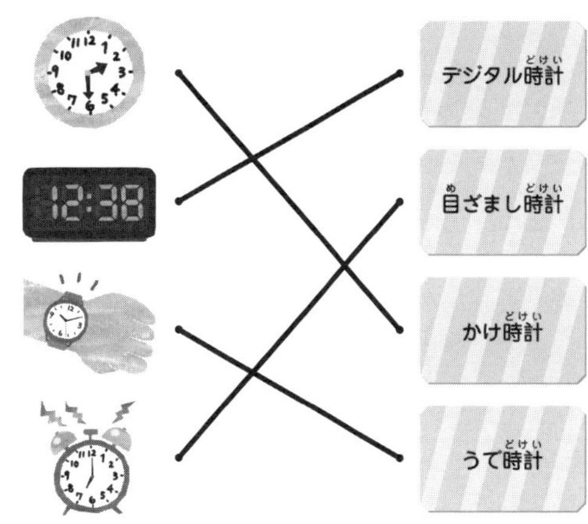

3 時計の　読み方①

7・8ページ

❶ ①1　②3　③6　④9

❷ ①7　②11

❸ ①

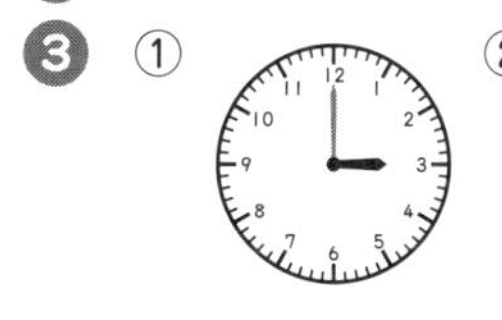

②　③

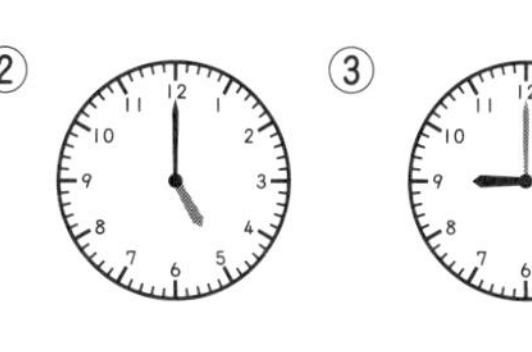

④

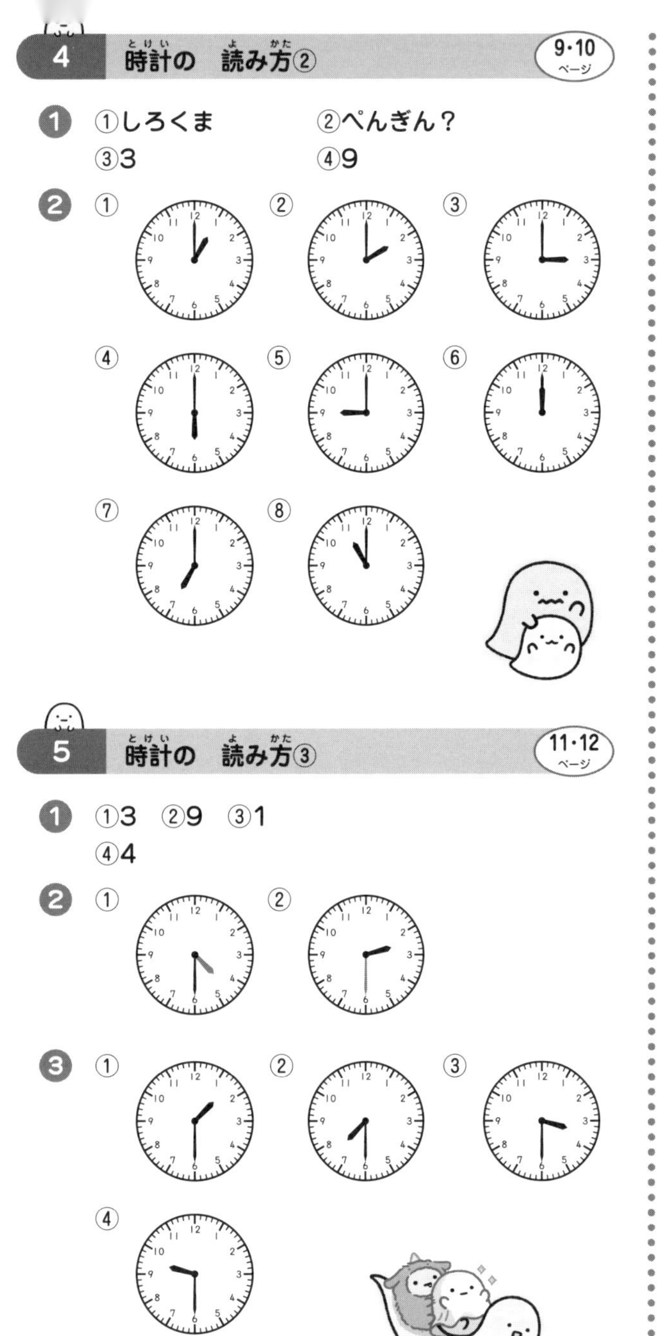

4 時計の 読み方② 9・10ページ

1 ①しろくま ②ぺんぎん？
③3 ④9

2 ①～⑧

5 時計の 読み方③ 11・12ページ

1 ①3 ②9 ③1
④4

2 ① ②

3 ① ② ③ ④

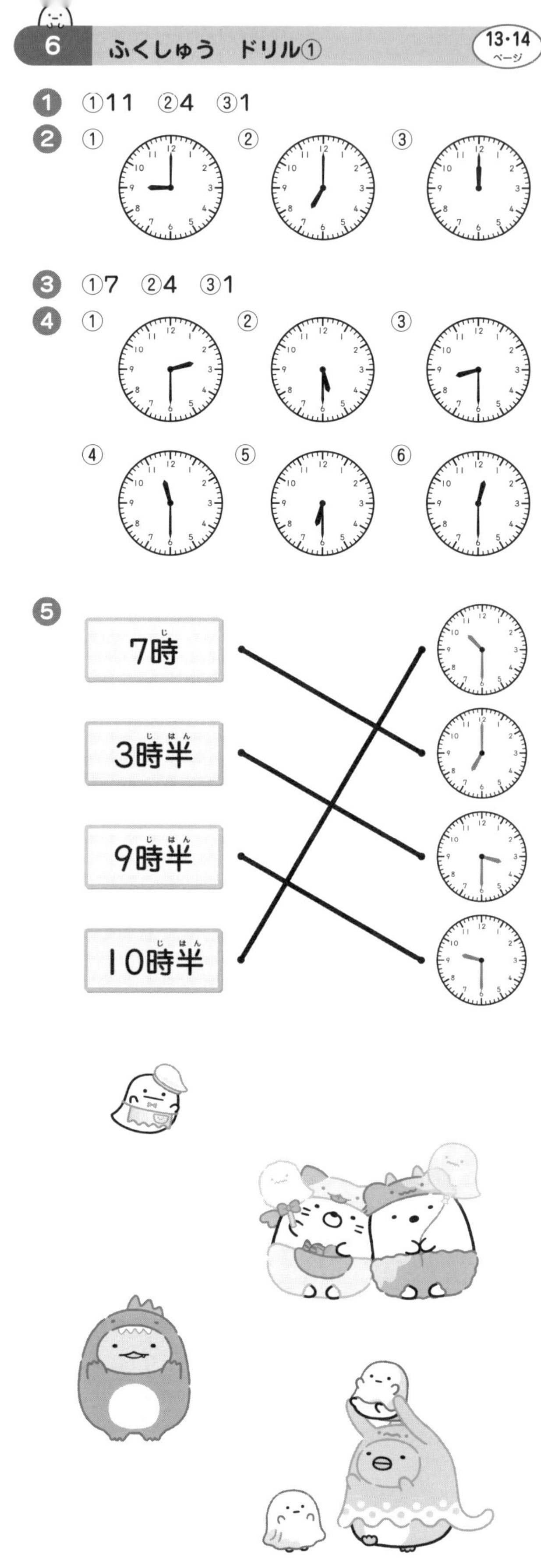

6 ふくしゅう ドリル① 13・14ページ

1 ①11 ②4 ③1

2 ① ② ③

3 ①7 ②4 ③1

4 ① ② ③ ④ ⑤ ⑥

5

●短いはりの答えについて

短いはりは、1時、2時などちょうどの時は、その数字ぴったりのところにかきます。1時半、2時半などの時は、それぞれ1と2の真ん中、2と3の真ん中にかきます。
それ以外は、答えのはりの場所と近いところにかいていれば正かいです。

7 時計(とけい)の　読(よ)み方(かた)④ 15・16ページ

❶ ①1　②10　③6

❷ ①30　②50　③40

❸ ①

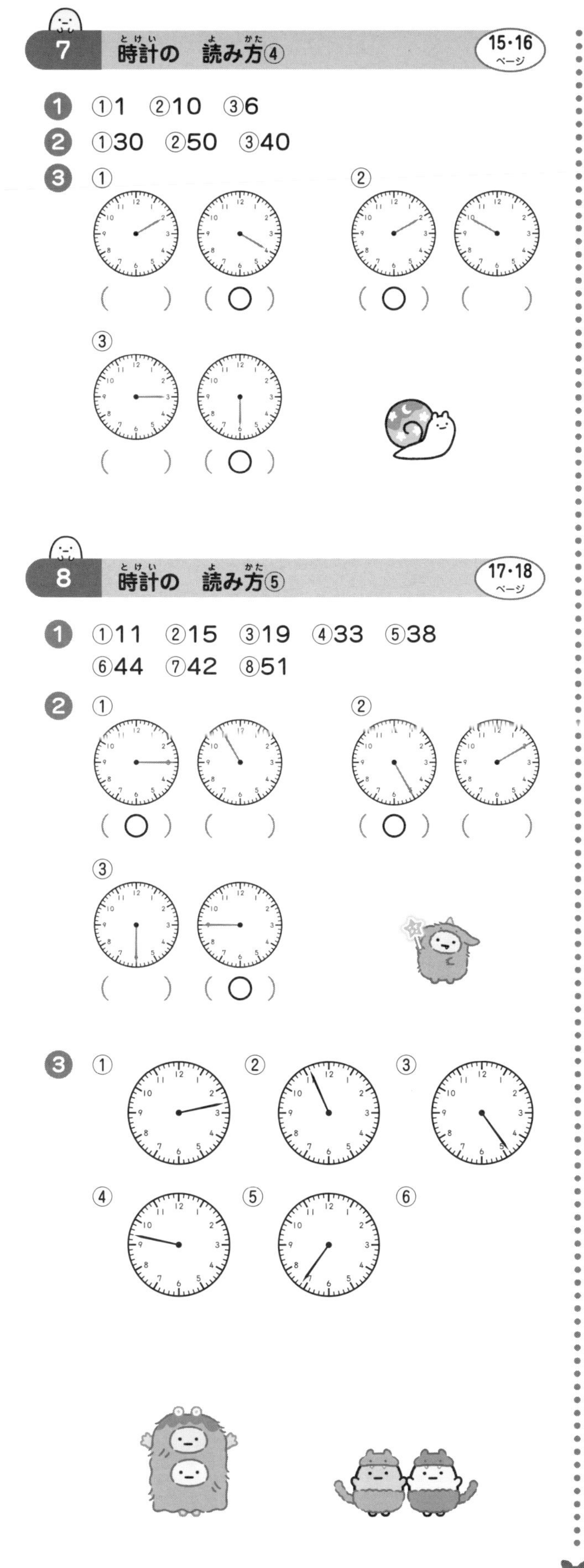

8 時計(とけい)の　読(よ)み方(かた)⑤ 17・18ページ

❶ ①11　②15　③19　④33　⑤38
⑥44　⑦42　⑧51

❷ ①

❸ ①

9 時計(とけい)の　読(よ)み方(かた)⑥ 19・20ページ

❶ ①7・1　②9・5　③10・10

❷ ①

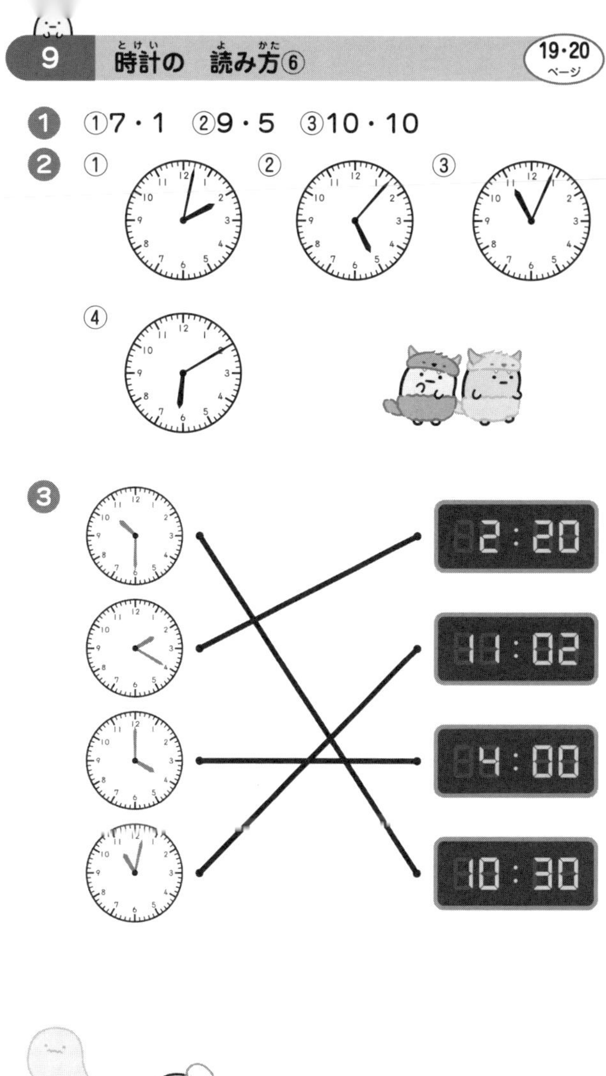

❸

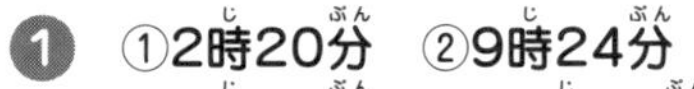

10 時計の 読み方⑦ 21・22ページ

1 ①2時20分 ②9時24分 ③6時29分 ④7時31分 ⑤12時38分 ⑥10時40分 ⑦3時45分 ⑧2時52分

2
①

(○) (   )

②
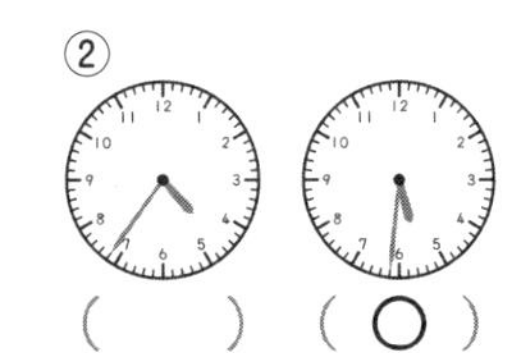
(   ) (○)

③
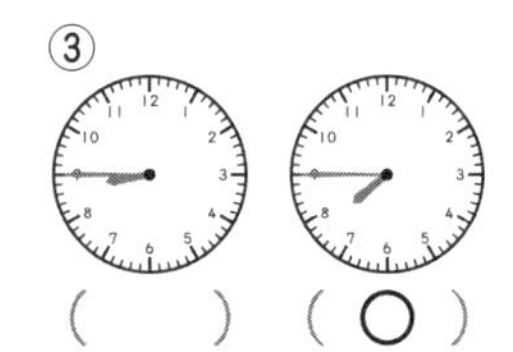
(   ) (○)

④
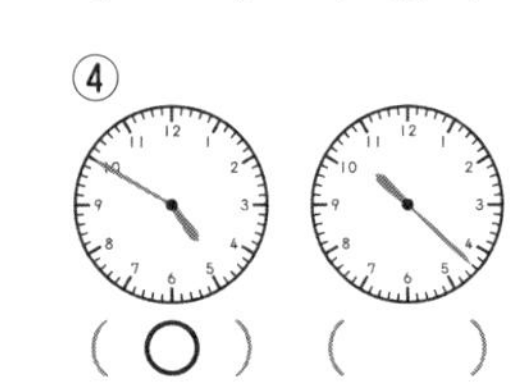
(○) (   )

3
①

②

③

④
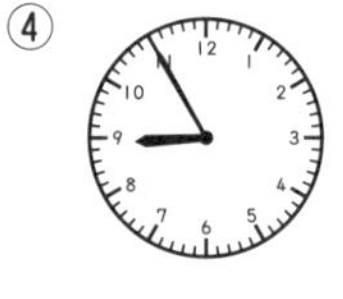

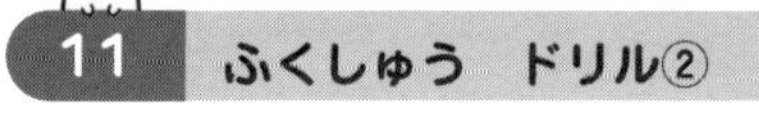

11 ふくしゅう ドリル② 23・24ページ

1 ①8 ②20 ③34 ④47 ⑤30

2
①
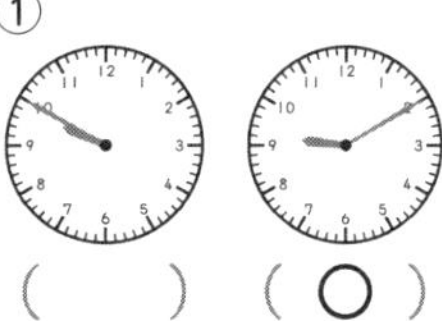
(   ) (○)

②
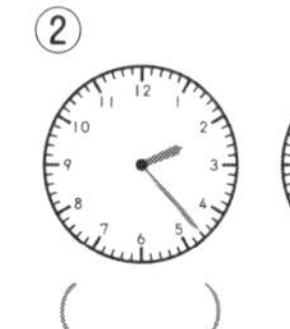
(   ) (○)

3

4
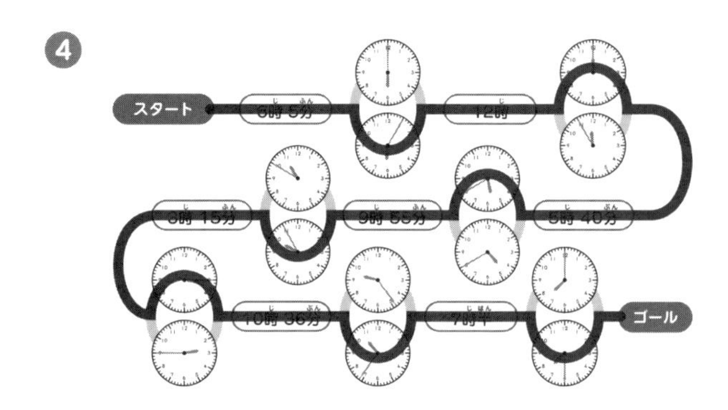

12 午前と 午後 25・26ページ

1 ①午前7・20 ②午後11・45

2 ①午前6 ②午前10・30 ③午後3・30 ④午前11 ⑤午後7・30 ⑥しろくま ⑦ぺんぎん?

※こたえは、ひらがなでもかまいません。
※ふりがなは、なくてもかまいません。

13 1時間は　60分①
27・28ページ

❶ ①1　②1　③1

❷ ①60　②120　③180　④300
⑤70　⑥80　⑦100　⑧90
⑨240　⑩130

❸ ①3　②1　③60

14 1時間は　60分②
29・30ページ

❶ ①1　②2　③3　④6

❷ ①1・10　②1・30　③1・50
④2・20　⑤2・40

❸ ①1・20　②1・40　③2・10
④2・30　⑤3・10

❹

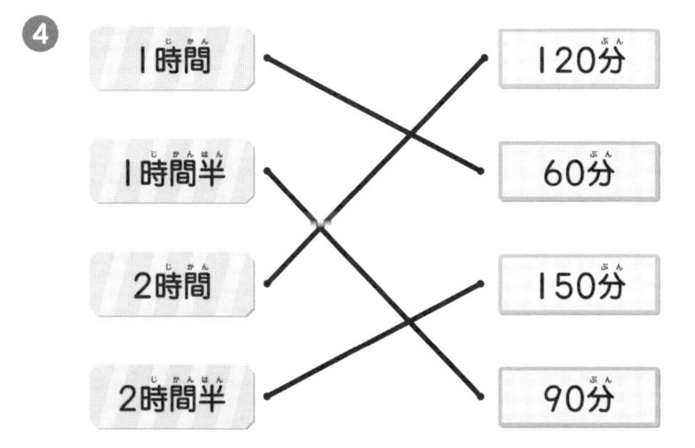

15 1時間は　60分③
31・32ページ

❶ ①1時間　②70分　③2時間
④80分　⑤150分

❷ ①1時間10分　②80分
③1時間50分

❸ ①しろくま　②とんかつ・10

16 ふくしゅう　ドリル③
33・34ページ

❶ ①午前　②午後

❷ ①午前8・15　②午後1・10
③午前11・50　④午後7・45

❸ ①70　②90　③110
④120　⑤1・20　⑥2・30

❹

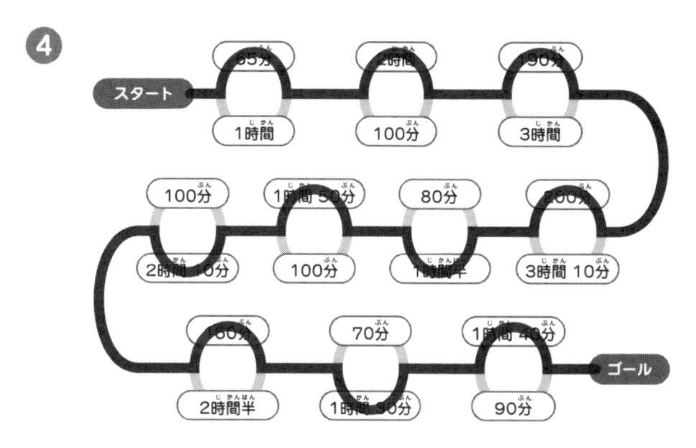

17 何時間①
35・36ページ

❶ ①1　②3

❷ ①1　②4　③5　④1　⑤3　⑥2

18 何時間②
37・38ページ

❶ ①2　②3　③4　④9

❷ ①4　②3　③7　④2　⑤4　⑥6

※こたえは、ひらがなでもかまいません。
※ふりがなは、なくてもかまいません。

19 何時間③ 39・40ページ

1 ①2 ②3

2 ①2 ②10 ③4 ④2

20 何分間① 41・42ページ

1 ①10 ②15

2 ①5 ②2 ③30 ④50 ⑤40 ⑥45

21 何分間② 43・44ページ

1 ①30 ②55 ③40 ④35

2 ①30 ②10 ③45 ④50 ⑤70

22 何分間③ 45・46ページ

1 ①30 ②50

2 ①35 ②45 ③45 ④60

23 ふくしゅう ドリル④ 47・48ページ

1 ①5 ②4

2 ①55 ②50

3 9

4 65

5 ①3 ②7 ③45 ④35

24 何時間前と 何時間後① 49・50ページ

1 ①3 ②7 ③3 ④11

2 ①10 ②12 ③2 ④8

3

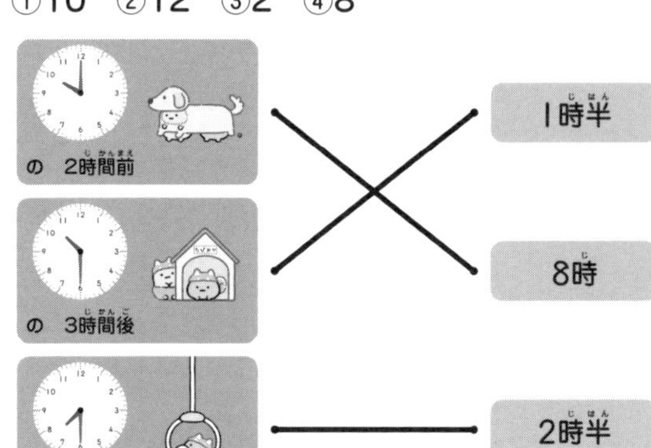

25 何時間前と 何時間後② 51・52ページ

1 ①午前9 ②午後1 ③午前10
④午後4 ⑤午前5 ⑥午後1
⑦午後7 ⑧午前1

2 ①午前11 ②午後3 ③午前5
④午後1 ⑤午前10 ⑥午後8

3 ① ②

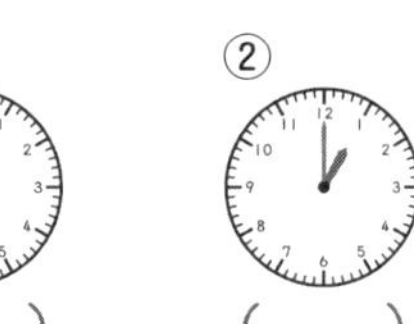

(○) ( ) ( ) (○)

26 何時間前と 何時間後③ 53・54ページ

1 ①7 ②1 ③11 ④4

2 ①2 ②午後3
③さん歩 ④お昼ごはん
⑤午前10

※こたえは、ひらがなでもかまいません。
※ふりがなは、なくてもかまいません。

27 何分前と　何分後①
55・56ページ

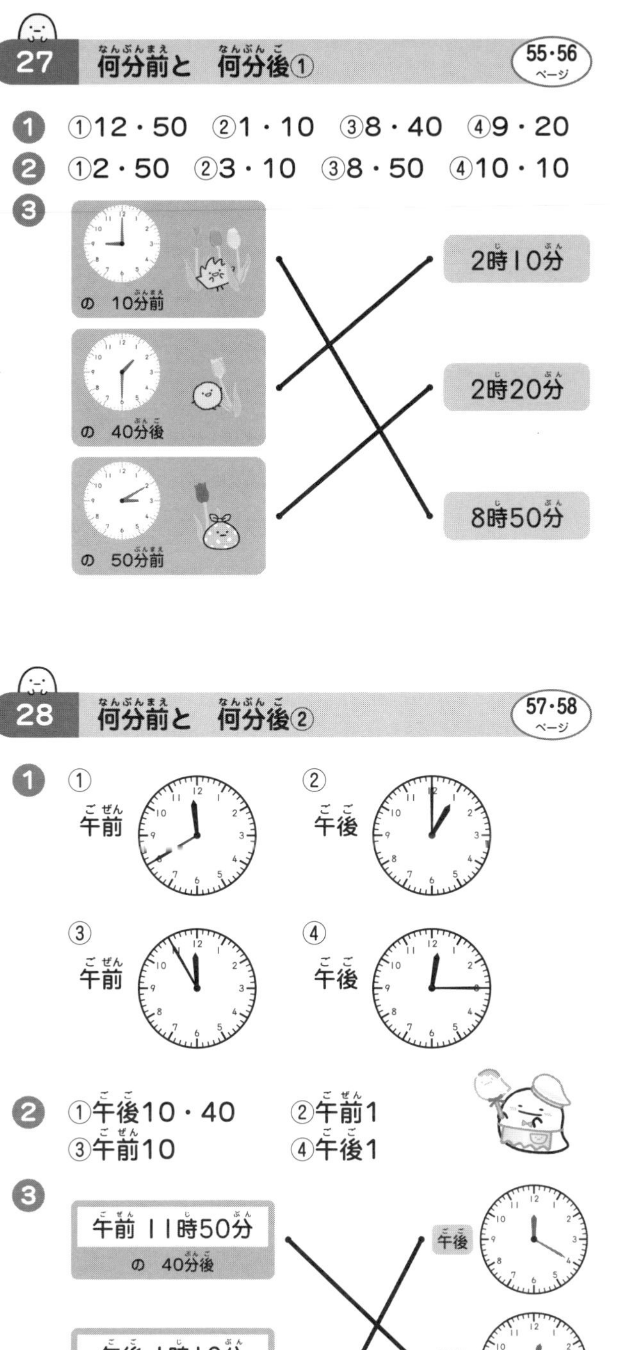

1 ①12・50　②1・10　③8・40　④9・20

2 ①2・50　②3・10　③8・50　④10・10

3

28 何分前と　何分後②
57・58ページ

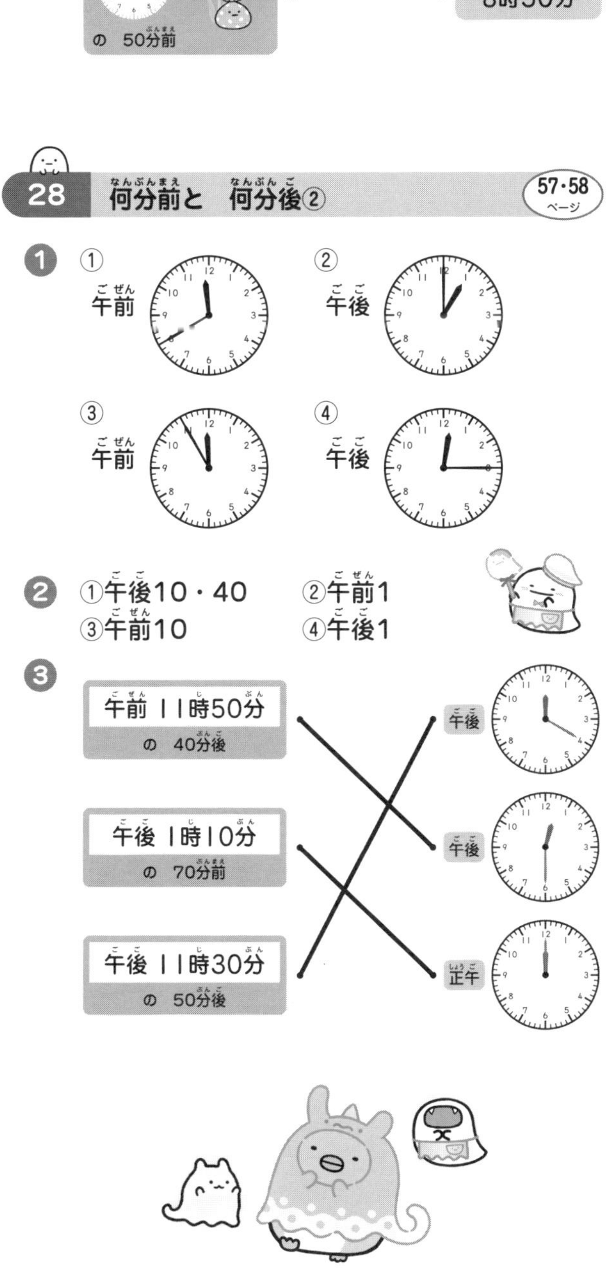

1 ①午前　②午後　③午前　④午後

2 ①午後10・40　②午前1
③午前10　④午後1

3

29 何分前と　何分後③

59・60ページ

1 ①5・50　②9・50　③8・15　④10・40

2 ①午前11・50　②午前11・55
③午後1　④午前11・50

30 ふくしゅう　ドリル⑤

61・62ページ

1 ①7　②9　③1・30　④2・10

2 ①午前11　②午後3
③午前11　④午後1

3 ①午前11　②午後7
③午前10・50　④午後1

4 ①午前1・30　②午前6・30
③午前11・30

31 まとめの　テスト①
63・64ページ

1

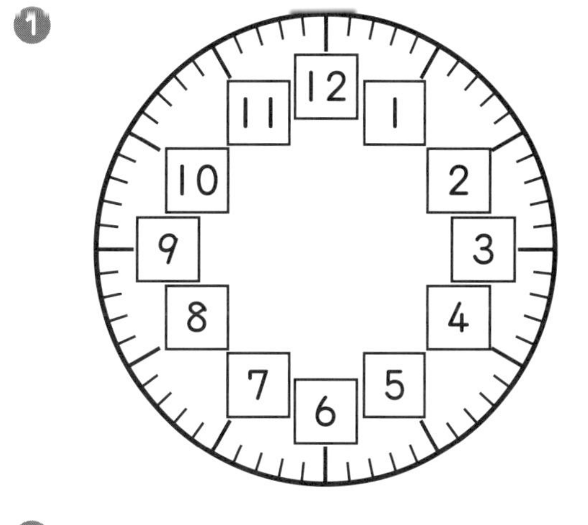

2 ①11　②7　③12（0）

3 ①たぴおか　②ざっそう

4

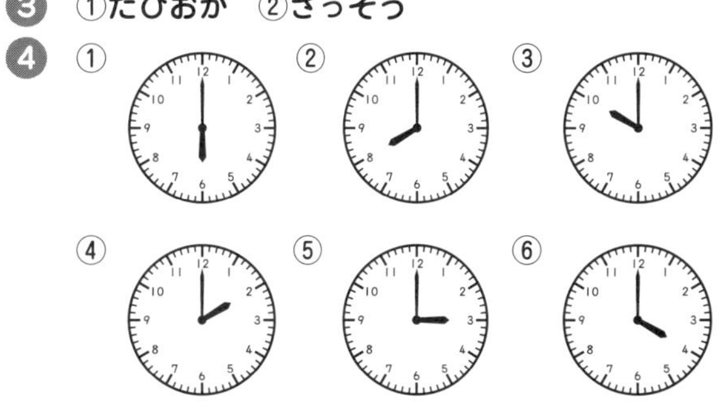

※こたえは、ひらがなでもかまいません。
※ふりがなは、なくてもかまいません。

32 まとめの テスト② (65・66 ページ)

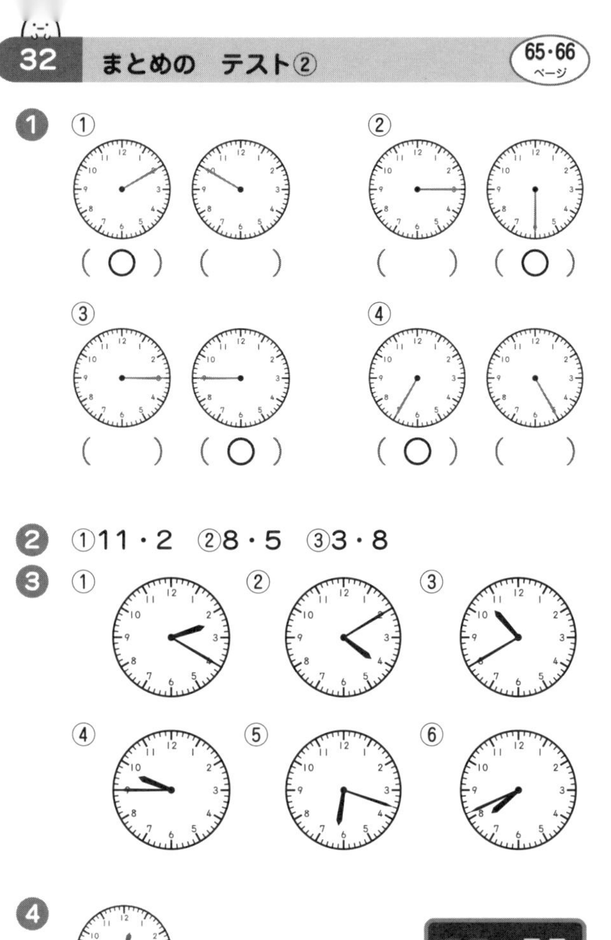

❶ ①（○）（ ） ②（ ）（○） ③（ ）（○） ④（○）（ ）

❷ ①11・2 ②8・5 ③3・8

❸ ① ② ③ ④ ⑤ ⑥

❹

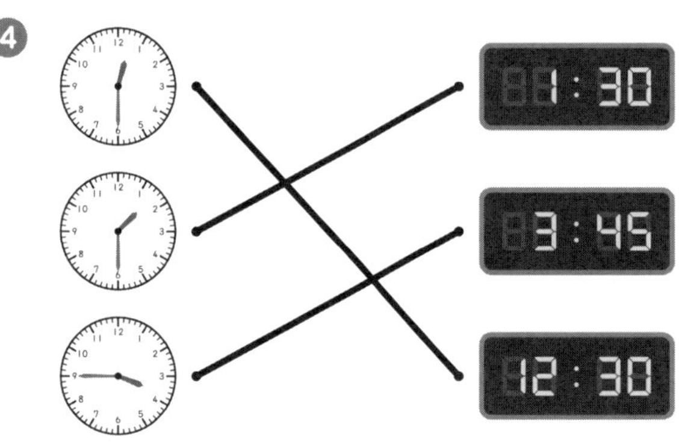

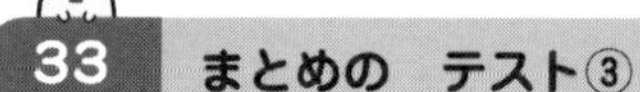

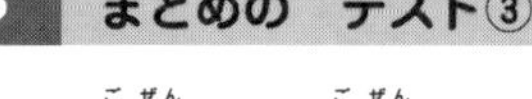

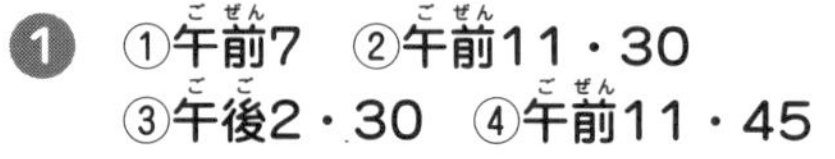

33 まとめの テスト③ (67・68 ページ)

❶ ①午前7 ②午前11・30
③午後2・30 ④午前11・45

❷ ①60 ②120 ③70
④90 ⑤1・20 ⑥2・10

❸ ①ねこ・10 ②とんかつ・10

34 まとめの テスト④ (69・70 ページ)

❶ ①1 ②2 ③5

❷ ①4 ②2

❸ ①20 ②45 ③35

❹ ①15 ②45 ③30

35 まとめの テスト⑤ (71・72 ページ)

❶ ①午前10 ②午後2
③午前6 ④午後2
⑤午前8・50 ⑥午後2・50
⑦午前11・50 ⑧午後2・10
⑨午前11・5 ⑩午後1・5

❷ ①11 ②8・5

❸

午後 1時10分 の 90分前

午後 11時50分 の 30分後

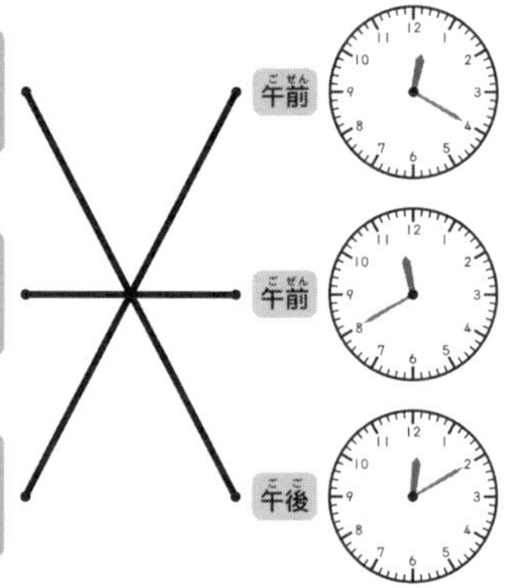

※こたえは、ひらがなでもかまいません。
※ふりがなは、なくてもかまいません。